디스플레이
구조
교과서

ZUKAI NYUMON YOKUWAKARU
SAISHIN DISPLAY NO KIHON TO SHIKUMI

Copyright © 2023 by Katsuhiro Saito, Shinichi Komiya
Original Japanese edition published by Shuwa System Co., Ltd, Tokyo, Japan
Korean edition published by arrangement with Shuwasystem-Shinsha Co., Ltd.
through Japan Creative Agency Inc., Tokyo and BC Agency, Seoul

디스플레이 구조 교과서

LCD, OLED의
발광 원리부터
패널 구조, 구동방식까지
디스플레이 기술
메커니즘 해설

사이토 가쓰히로 · 고미야 신이치 지음 | 신찬 옮김

보누스

시작하며

2005년, 그때 즈음에 브라운관 TV를 LCD TV로 바꾼 기억이 있습니다. 당시만 해도 육중한 존재감을 뽐내던 브라운관 TV는 여전히 거실을 차지하고 있었고, 얇은 두께가 돋보이던 LCD TV는 서서히 인기를 얻어가던 시절이었습니다. 당시 디스플레이 시장은 선명한 밝기를 앞세운 LCD(액정) 타입과 깊이 있는 색감을 자랑하던 PDP(플라스마) 타입이 새로운 왕좌를 차지하기 위해 치열한 각축전을 벌이던 상황이었습니다. 어느 기술이 승리해 차세대 디스플레이의 표준이 될지 전문가들도 쉽게 예측하지 못하던 시절이었죠.

그로부터 어느덧 20년이 흘렀습니다. 그사이 디스플레이 기술의 지형도는 우리가 상상했던 것 이상으로 변했습니다. 한때 LCD의 강력한 경쟁자였던 PDP는 역사 저편으로 사라졌고, 잠시 세상을 떠들썩하게 했던 3D 입체 TV 역시 안경 착용의 불편함과 콘텐츠 부족이라는 벽을 넘지 못한 채 신기루처럼 사라졌습니다. 그 대신 스스로 빛을 내는 혁신적인 방식의 OLED(유기EL)가 새로운 강자로 떠올랐습니다. 또한 기존 LCD 기술은 양자점(퀀텀닷)이라는 신소재와 결합해 QD-LCD라는 이름으로 발전하며 건재함을 과시했죠. 최근에는 OLED 또한 양자점 기술을 도입해 더욱 빼어난 모습을 보여주고 있습니다.

현재 가장 주목받는 기술은 단연 OLED와 양자점일 것입니다. LCD는 쉼 없이 빛을 뿜어내는 백라이트 패널을 광원으로 삼고, 그 앞에 미세한 액정 분자들을 배열해서 전압에 따라 방향을 틀어지게 합니다. 이 방식으로 빛의 통과량을 조절하죠. 이 때문에 완벽한 검은색을 표현하는 데 구조적인 한계가 있습니다. 반면 OLED는 픽셀 하나하나를 구성하는 유기 분자 자체가 전류에 반응해 스스로 빛을 냅니다. '어떻게 유기 분자가 빛을 낼 수 있을까?' 하고 의아하게 생각할지도 모르겠습니다. 하지만 자연은 이미 그 답을 알고 있습니다. 깊은 밤 숲속을 밝히는 반딧불이, 밤바다를 수놓는 야광충, 신비로운 빛을 내는 발광 버섯 등 수많은 생물이 유기 분자의 화학 반응을 이용해 스스로 빛을 만들어냅니다. OLED는 바로 이 생명의 빛을 첨단 기술로 구현한 것입니다.

한편, 양자점 기술을 적용한 TV는 LCD 성능을 향상한 QLED TV와 OLED의 장점에 양자점 기술을 결합한 QD-OLED TV로 나뉩니다. 일반적으로 QLED TV는 푸른색 LED 백라이트 앞에 나노미터 크기의 반도체 입자인 양자점 필름을 덧대어 색의 순도를 극적으로 끌어올린 제품입니다. QD-OLED TV는 푸른색 자발광 OLED를 광원으로 사용하며, 양자점 필름으로 빨간색과 녹색을 구현합니다.

이 책은 'OLED 분자가 정확히 어떤 원리로 발광하는가?', '나노미터 크기의 입자인 양자점이 어떻게 색을 재창조하는가?'와 같은 기초적인 궁금증을 풀어봅니다. 나아가 여러 디스플레이의 구조와 작동 원리를 깊이 파고드는 동시에, 이 기술들을 둘러싼 글로벌 기업들의 치열한 경쟁과 업계의 최신 동향까지 폭넓게 조망하며 독자 여러분의 시야를 넓혀드릴 예정입니다.

이 책을 접한 독자 여러분이 매일 마주하는 스크린에 숨겨진 놀라운 과학 원리를 발견하고, 더 나아가 자신의 눈으로 직접 '최고의 디스플레이'를 선택할 수 있는 지혜를 얻는다면 더할 나위 없이 기쁘겠습니다.

사이토 가쓰히로

일러두기
▪ 이 책은 저자가 독자적으로 연구 조사해 얻은 결과물을 바탕으로 저술한 것입니다.
▪ 이 책에 기재된 회사명이나 상품명은 일반적으로 각 회사의 상표 또는 등록 상표입니다.

CONTENTS

제8장　디스플레이 관련 부품 시장과 공급

최신 디스플레이 시장과 변화

최근 수십 년 동안 디스플레이를 둘러싼 상황이 어떻게 변해왔는지 살펴보고, 디스플레이의 종류 및 기술 발전과 관련된 기초 지식을 설명하려고 한다. 과거 가정용 TV나 PC 모니터 시장이 오늘날 어떤 양상을 보이는지에 대해서도 알아본다.

디스플레이 시장의 환경

0-01

이 책을 시작하면서 최근 수십 년 동안 디스플레이를 둘러싼 시장 상황이 어떻게 변해왔는지를 간략하게 살펴본다.

불과 30여 년 전만 해도 가정용 TV는 가로세로가 30~40cm쯤 되는 커다란 상자 모양에 **브라운관**이라는 크고 무거운 전구 같은 부품이 들어 있는 형태였습니다. 그러다가 지금은 두께가 5cm도 되지 않을 정도로 얇아졌습니다. 디스플레이의 무게는 비교할 수 없을 정도로 가벼워져 4~7인치 제품은 스마트폰, 8~11인치 제품은 태블릿, 14인치 이상 제품은 노트북에 내장되는 등 휴대가 자유로운 형태로 완전히 탈바꿈했습니다.

가볍고 얇아진 디스플레이

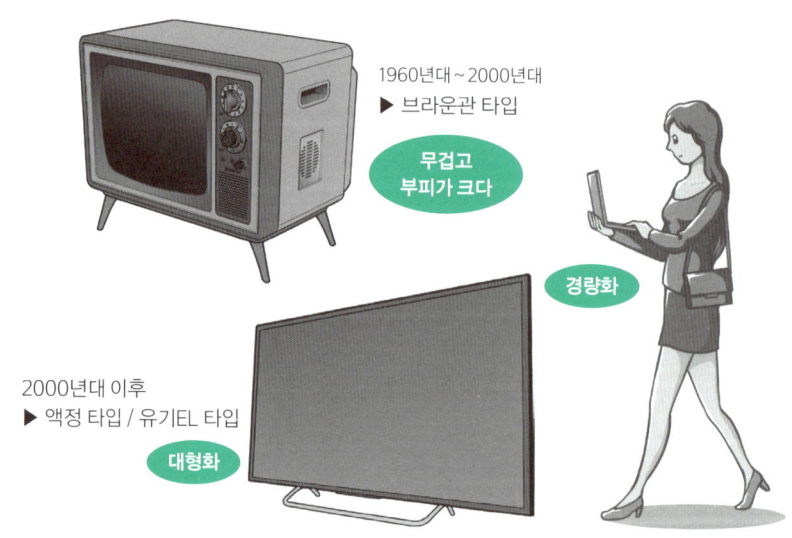

1960년대~2000년대
▶ 브라운관 타입

무겁고 부피가 크다

경량화

2000년대 이후
▶ 액정 타입 / 유기EL 타입

대형화

신규 제품

디스플레이 기술이 발달하면서 새로운 제품이 연이어 등장했습니다. 30년 전에는 브라운관 타입이 주류였으나, TV가 얇아지면서 **액정 타입**(LCD)과 **플라스마 타입**(PDP)이 등장했고, 플라스마 타입도 액정 타입과의 가격 경쟁에 밀려 자취를 감췄습니다. 지금은 승자가 된 액정 타입을 **유기EL 타입**(OLED)이 추격하는 모양새입니다.(다음 페이지 참고)

이 밖에도 특수 용도로 개발된 디스플레이 기술도 많은데, 시장에서 성과를 올리며 개량과 개선을 이어가며 살아남은 기술이 있는가 하면 어느새 자취를 감춘 기술도 있습니다.

시장은 마치 신기술의 품평회장처럼 됐습니다. 살아남느냐 사라지느냐는 시장에 달렸습니다. 따라서 시장의 동향에 늘 주목해야 합니다.

고성능 제품

시장은 항상 성능이 좋은 제품을 원합니다. 상대적으로 성능이 떨어지는 제품에 대한 시장의 반응은 매우 냉정합니다. 그리고 한 번 시장에 등장한 제품은 시간이 지나면서 인기가 시들해집니다.

즉 아무리 좋은 제품을 내놓아도 다음 날부터 더 좋은 제품을 만들어야 하는 것이 공업 기술의 운명인 셈입니다.

저가 제품

과연 새롭고 성능만 뛰어나면 시장에서 통한다고 단언할 수 있을까요? 시장은 그렇게 단순하지 않습니다. 같은 성능이면 저렴하고 디자인이 뛰어난 제품이 더 잘 팔리기 마련입니다.

디자인은 소비자의 취향에 따라 다를 수 있지만 가격은 그렇지 않습니다. 특히 오늘날에는 눈을 의심할 정도로 저가인 외국 제품이 널렸습니다.

가격 경쟁을 한다면 10원이라두 싼 제품을 만들어야 하고, 성능 경쟁을 한다면 소비자의 반향을 일으킬 수 있을 만큼 뛰어난 제품을 만들어야 합니다.

소니의 독자적인 트리니트론 브라운관을 탑재한 컬러TV 'KV-1310'(1968년 출시). 1960년대 TV 다이얼은 손으로 잡아 돌리는 로터리식이었다.

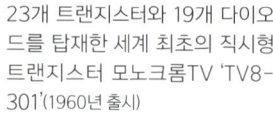

23개 트랜지스터와 19개 다이오드를 탑재한 세계 최초의 직시형 트랜지스터 모노크롬TV 'TV8-301'(1960년 출시)

VTR(비디오테이프 리코더)이 등장하면서 모니터 역할도 담당했다. 사진은 비디오, 문자다중방송 등 다채로운 AV 출력을 지원하는 'KX-27HF1'(1980년 출시)로 TV 튜너와 스테레오 앰프 등이 추가됐다.

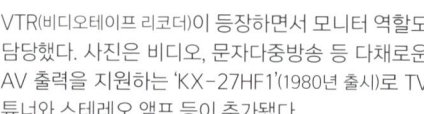

1990년에는 HD를 지원하는 TV가 등장했다. 사진은 36인치 HD 트리니트론 'KW-3600HD'(1990년 출시).

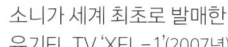
소니가 세계 최초로 발매한
유기EL TV 'XEL-1'(2007년)

컬러 액정이 등장하면서 TV도 브라
운관에서 액정으로 바뀌었다. 사진
은 액정 WEGA의 초기 모델 'KLV-
17HR1'(2002년 출시).

최근에는 고화질·대형화로 50인치 이상
의 TV를 구매하는 가정이 늘었다. 사진
은 4K를 지원하는 84인치 액정 TV 'KD-
84X9000'(2012년 출시)

고화질·대형화와 함께 박형화도 주목받고 있다.
액정 및 유기EL TV의 보급으로 공간 활용이 훨
씬 자유로워졌다. 사진은 4K를 지원하는 65인치
유기EL TV 'XRJ-65A80L'(2023년 출시).

사진 제공: 소니 주식회사

디스플레이의 종류와 분류

액정 타입, 유기EL 타입 등 디스플레이는 종류가 다양하다. 10여 년 전까지는 플라스마 타입도 있었다. 여기서는 디스플레이 종류를 살펴본다.

전혀 다른 원리와 전혀 다른 재료로 만들지만 기능이 똑같은 제품이 있습니다. 디스플레이로 보면 액정 타입, 유기EL 타입이 바로 그렇습니다. 이 두 타입의 구동 원리는 완전히 다릅니다. 하지만 가전 매장에 진열된 제품은 2종 모두 거의 같아 보입니다. 같은 제품을 만드는 데 전혀 다른 두 가지의 기술을 개발하고 개량하는 것은 다소 비효율적으로 느껴지기도 하지만, 공산품 세계에서는 이런 일이 간혹 일어나기도 합니다. 자세한 내용은 뒤에서 다루기로 하고 예비 지식 차원에서 간단히 설명하겠습니다.

디스플레이의 분류

오른쪽 그림은 현재 발매되는 주요 디스플레이의 종류입니다. 크게 **CRT**(브라운관 타입)와 **FPD**(슬림 타입)로 나눌 수 있습니다. 그리고 FPD는 LCD(액정 타입)와 EL(유기EL 타입)이 있습니다.

액정 타입은 소자의 점등 방식 차이에 따라 **패시브 타입**과 **액티브 타입**으로 나눌 수 있고, EL에는 최근 자주 언급되는 유기물 발광체를 사용한 **OLED**(유기EL)와 무기물 발광체 LED를 사용한 무기EL이 있습니다.

원리의 차이

액정 타입은 쉽게 말하면 그림자입니다. 계속 빛을 내는 발광 패널 앞에서 액정 분자가 움직이면서 그림자가 이미지를 만들어냅니다. 따라서 색상은 컬러 필터를 사용해 입힙니다.

플라스마 타입은 아주 작은 형광등을 수백만 개 배열한 형태입니다. 이 또한 발광체가 내는 색이 무색이라서 마찬가지로 색상은 컬러 필터로 입힙니다.

유기EL은 LED 램프의 광원에 해당하는 부분이 유기물입니다. 이 유기물에 전기가 통하면 유기물이 발광합니다. **빛의 삼원색**인 빨간색, 초록색, 파란색의 빛을 내는 유기물이 갖춰져 있어서 컬러 필터가 필요 없습니다. 원리적으로 가장 얇게 만들 수 있으며, 가볍고 유연한 디스플레이로 만들 수 있어 다양한 가능성을 기대할 수 있는 방식입니다.

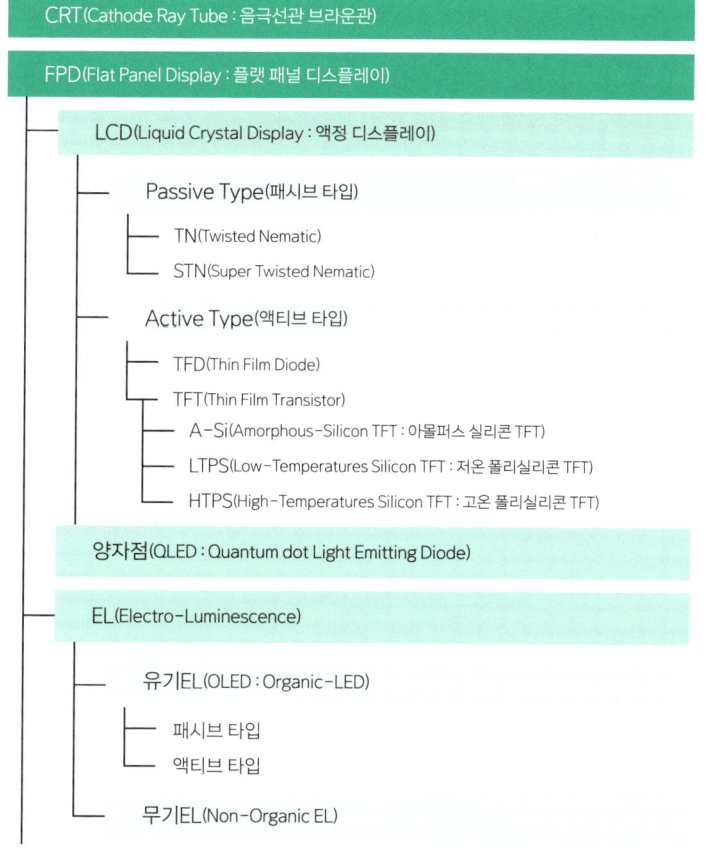

디스플레이의 분류

CRT(Cathode Ray Tube : 음극선관 브라운관)

FPD(Flat Panel Display : 플랫 패널 디스플레이)

- LCD(Liquid Crystal Display : 액정 디스플레이)
  - Passive Type(패시브 타입)
    - TN(Twisted Nematic)
    - STN(Super Twisted Nematic)
  - Active Type(액티브 타입)
    - TFD(Thin Film Diode)
    - TFT(Thin Film Transistor)
      - A-Si(Amorphous-Silicon TFT : 아몰퍼스 실리콘 TFT)
      - LTPS(Low-Temperatures Silicon TFT : 저온 폴리실리콘 TFT)
      - HTPS(High-Temperatures Silicon TFT : 고온 폴리실리콘 TFT)
  - 양자점(QLED : Quantum dot Light Emitting Diode)
  - EL(Electro-Luminescence)
    - 유기EL(OLED : Organic-LED)
      - 패시브 타입
      - 액티브 타입
    - 무기EL(Non-Organic EL)

엘시디

액정 패널
액정 디스플레이
액정 TV

- 가장 많이 보급됐으며 제조 비용, 제품 가격 모두 저렴하다.
- 장기 사용에도 내구성이 좋으며 열화에도 강하다.
- 구동 방식의 특성을 알고 사용 목적에 맞게 제품을 선택할 필요가 있다.
  (예: 게임이 목적이라면 응답 속도가 빠른 TN 방식을 선택)

패널의 구동 방식과 비교표

	TN 방식	VA 방식	IPS 방식
시야각 (좁다△ ➡ 넓다◎)	○	○	◎
응답 속도 (느리다△ ➡ 빠르다◎)	◎	△	△
화면 주사율 (낮다△ ➡ 높다◎)	◎	△	○
명암비 (낮다△ ➡ 높다◎)	○	◎	△
소비 전력 (많다△ ➡ 적다◎)	△	○	○
가격 (높다△ ➡ 낮다◎)	◎	○	△

- TN(Twisted Nematic) 방식
- VA(Vertical Alignment) 방식
- IPS(In Plane Switching) 방식
  - AH-IPS(Advanced High Performance IPS) 방식
  - ADS(Advanced super Dimension Switch) 방식

미니 엘이디

부품명/제품명

Mini LED 디스플레이
Mini LED TV

원 포인트 해설

- Mini LED는 한 변이 100~200㎛ 정도인 LED를 말한다.
- Mini LED를 백라이트에 사용해 밝기와 명암비(검은색 재현성)를 높일 수 있다.
- 소형화와 박형화의 발달이 기대된다.
- 대량의 LED가 필요해서 제품 가격이 높다.

읽는 법

마이크로 엘이디

부품명/제품명

Micro LED 디스플레이
Micro LED TV

원 포인트 해설

- Micro LED는 한 변이 100㎛ 이하인 LED를 말한다.
- LED 하나하나가 화소로서 발광하기 때문에 색 재현성이 높다.
- Mini LED 이상으로 소형화와 박형화의 발달이 기대된다.
- LED나 Mini LED로는 불가능한 구부릴 수 있는 제품이 실용화도 기대할 수 있다.
- Mini LED 이상으로 많은 양의 LED가 필요해서 제품 가격이 더욱 높다.

	읽는 법

오엘이디 또는 올레드

	부품명/제품명

유기EL 패널
유기EL 디스플레이
유기EL TV

원 포인트 해설

- 명암비가 높기 때문에 하얀색과 검은색의 명암이 뚜렷해 영상이나 게임 등을 고화질로 즐길 수 있다.
- 시야각이 넓어 어느 각도에서도 영상을 즐길 수 있다.
- 유기EL 소자가 스스로 발광하기 때문에 백라이트가 불필요하고 소비 전력이 적으며 한층 더 박형화와 경량화가 가능하다.
- 일반 LED로는 불가능한 구부릴 수 있는 패널도 제작할 수 있다.
- 만능이지만 액정에 비해 아직 가격이 비싸다.

패널의 구동 방식과 비교표

	TN 방식	VA 방식	IPS 방식	유기EL
시야각 (좁다△ ➡ 넓다◎)	△	○	◎	◎
응답 속도 (느리다△ ➡ 빠르다◎)	◎	△	△	◎
화면 주사율 (낮다△ ➡ 높다◎)	◎	△	○	◎
명암비 (낮다△ ➡ 높다◎)	○	◎	△	◎
소비 전력 (많다△ ➡ 적다◎)	△	○	○	◎
가격 (높다△ ➡ 낮다◎)	◎	○	△	△

원 포인트 해설

- 기존 유기EL에 양자점 기술을 더한 것이다.
- 양자점 기술로 입자 크기를 조절할 수 있어 빛의 삼원색을 효율적으로 구현하고 색 재현성이 뛰어난 제품을 만들 수 있다.
- 유기EL보다 시야각이 더욱 넓으며 응답 성능의 향상도 기대할 수 있다.

원 포인트 해설

- 기존 LED에 양자점 기술을 더한 것으로, Mini LED와 조합한 제품도 등장하고 있다.
- Mini LED와의 조합으로 색 재현성이 더욱 뛰어난 제품을 만들 수 있다.

패널 구동 방식

- VA(Vertical Alignment) 방식
- IPS(In Plane Switching) 방식

고화질 디스플레이를 향한 도전

디스플레이 기술의 진보는 HD와 4K, 8K와 같은 고화질화를 촉진했다. 여기서는 HD와 고화질화의 차이를 간단히 살펴본다.

디스플레이에 요구되는 기능은 다양하겠지만 깔끔하고 아름다운 고화질과 선명한 색이 가장 기본일 것입니다. 현재 주목받고 있는 **4K**, **8K** TV가 바로 그러한 기능을 추구하는 제품입니다.

4K, 8K TV

오늘날의 TV는 대부분 FHD(Full HD)로, 이름부터가 엄청난 고해상도임을 연상할 수 있습니다. 4K, 8K는 이보다 더 높은 고해상도를 자랑합니다.

4K, 8K는 4킬로, 8킬로를 의미하며 TV 화면의 화소 중에 가로로 배열된 화소의 개수를 뜻합니다. FHD는 2K에 상당하며, 화소 수가 가로 1,920(약 2,000), 세로 1,080으로 전체 화소 수는 $1,920 \times 1,080 = 2,073,600$이므로 약 200만 화소입니다.

반면 4K에서는 가로 3,840, 세로 2,160이며, 가로 및 세로 모두가 2K의 2배이므로 화소 수는 800만 화소로 4배입니다. 8K는 가로 7,680, 세로 4,320으로 화소 수 3,300만이므로 약 16배에 달합니다.

화면

화소 수가 많으면 그만큼 화질이 선명합니다. 오른쪽 그림은 해상도 차이를 나타낸 것입니다. TV를 멀리서 볼 때는 그렇게 큰 차이를 보이지 않지만 가까이 가서 보면 큰 차이가 납니다. 이 차이는 TV 화면이 클수록 더 뚜렷합니다.

디스플레이는 가정용 TV나 PC용 모니터에만 쓰이는 것이 아닙니다. 요즘 정밀한 수술이 필요할 때는 맨눈이 아닌 카메라로 촬영해 확대한 디스플레이를 보고 진행합니다. 또한 원격 수술도 디스플레이가 필수입니다. 디스플레이의 고화질화는 앞으로도 계속 진행될 것입니다.

디스플레이의 고해상도 차이

FHD
(2K)

가로 1,920 × 세로 1,080(화소)
= 2,073,600(화소)

4K

가로 3,840 × 세로 2,160(화소)
= 8,294,400(화소)

8K

가로 7,680 × 세로 4,320(화소)
= 33,177,600(화소)

새로운 디스플레이 기술 개발

시장에는 새로운 제품이 연이어 등장하고 있다. 새로운 기술을 도입한 제품도 있고 기존 기술을 개량한 제품도 있다. 이에 대해 살펴보자.

디스플레이 기술은 나날이 진보하고 있으며, 새로운 타입이 속속 등장하고 있습니다. 그중에는 새로운 기술도 있고, 기존 기술을 개량한 것도 있습니다.

새로운 방식을 도입한 기술

지금은 브라운관이나 플라스마 타입의 TV를 취급하는 가전제품 매장을 찾아볼 수 없습니다. 이처럼 디스플레이 시장은 극적으로 변하고 있습니다. 이 정도로 급격한 변화가 과연 필요한지에 대한 논의는 차치하더라도 하루가 다르게 변화를 거듭

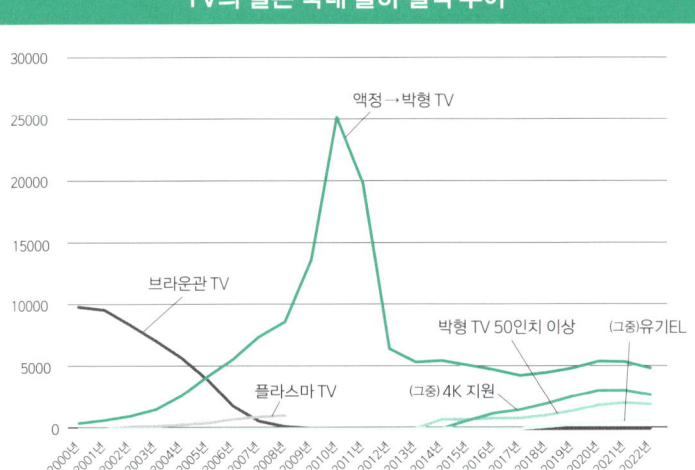

TV의 일본 국내 출하 실적 추이

※2008년까지 액정 TV의 데이터. 플라스마 타입의 총계 데이터는 2008년까지
출처: JEITA(일본 전자정보기술산업협회)가 발표한 자료를 토대로 작성

중인 것만큼은 분명해 보입니다.

한때 액정과 경쟁하던 플라스마는 유기EL이 등장하면서 시장에서 사라졌습니다. 유기EL을 사용한 **투명** TV나 돌돌 말리는 **롤러블** TV도 발매되는 마당이니 향후 어쩌면 공처럼 둥근 TV가 나올지도 모릅니다. 옥외에 설치하는 초대형 디스플레이용으로는 또 다른 방식의 기술이 개발되고 있습니다. 정말이지 현업 기술자들이 숨을 돌릴 틈이 없을 지경입니다.

기존 방식을 개량한 타입

가전제품 매장을 살펴보면 가정용 TV는 4K, 8K 시대로 접어든 듯합니다. 다만 4K, 8K는 화질에 따른 분류로 새로운 방식의 디스플레이는 아닙니다. 하지만 향후 TV를 바꾸려는 사람은 액정과 유기EL 외에도 기존 타입이냐 4K, 8K이냐와 같은 선택지도 고려해야 합니다.

디스플레이는 종류 및 형식뿐만 아니라 가격도 다양합니다. 외국산 제품 중에는 깜짝 놀랄 정도로 저렴한 제품도 있습니다. 저가라고 해서 성능이 크게 떨어지지도 않습니다.

가전제품 매장의 TV 코너

촬영: 빅카메라

세계 제조사 간의 경쟁

불과 얼마 전만 해도 가정용 TV 시장은 일본 기업이 주도했다. 하지만 지금은 어떨까? 여기서는 세계 시장 상황이 어떤지 살펴본다.

액정은 1888년 오스트리아에서 발견됐습니다. 그리고 미국의 다국적 기업 RCA(Radio Corporation of America)의 연구소가 1968년에 액정 디스플레이를 발명했으니, 발견되고 나서 80년이나 지난 후의 일입니다.

RCA의 연구소가 발명한 액정 디스플레이

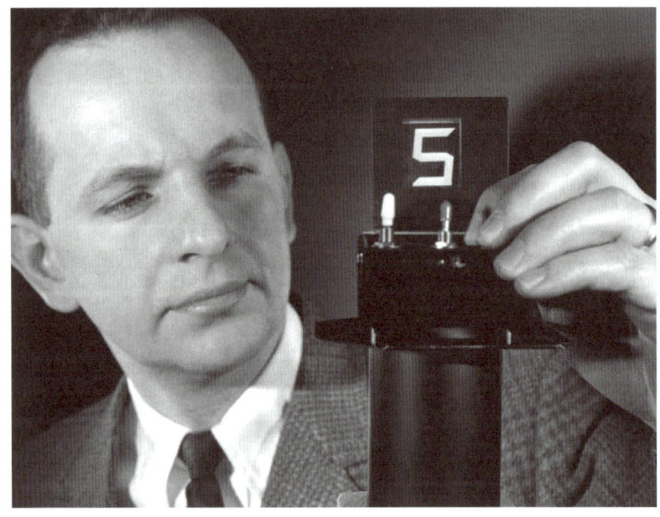

출처: RCA

일본 기업의 활약

하지만 실제로 액정 디스플레이를 당시 전자계산기에 도입해 상업용으로 시장에 발매한 기업은 일본의 샤프였습니다. 1973년에 액정 디스플레이가 발명되고 나서 불과 5년밖에 지나지 않았을 때였습니다. 그 후 동영상 시청을 위한 TFT(Thin-Film Transistor) 액정을 사용한 약 3인치 크기의 휴대용 TV를 비롯해 14인치 액정 TV 등을 개발하며 산업화를 이루고, 오늘날과 같은 액정 디스플레이의 전성기를 촉발한 주인공은 일본 기업이었습니다.

세계 최초의 액정 디스플레이를 탑재한 제품

출처: 샤프 HP

아시아 기업의 성장

하지만 이런 일본의 독무대는 20년 정도밖에 이어지지 않았습니다. 1996년쯤부터 한국이 등장하고, 1999년쯤부터는 대만이 시장에 뛰어들면서 몇 년 사이에 일본의 생산량을 추월했습니다. 왜 이렇게 됐을까요? 그 원인은 전문가들이 분석한 자료를 통해 알 수 있습니다.

다만 일본 입장에서는 이런 상황이 계속 벌어지면 곤란할 것입니다. 유기EL 연구는 일본이 주도했지만 상품화가 크게 늦었습니다. 기초 연구를 끝낸 유기EL 디스플레이 기술은 이제 보급을 넘어 발전과 개량을 거듭하는 경쟁 체제로 돌입할 전망입니다. 과연 일본이 한국, 대만, 중국처럼 움직일 수 있을지 의문입니다.

부품 시장

디스플레이 업계는 성능 경쟁뿐만 아니라 가격 경쟁도 치열해졌습니다. 제조사들은 액정 패널이나 유기EL 패널을 사들이고 다양한 다른 부품을 조립해서 TV나 PC 모니터 등으로 제품화합니다. 하지만 이런 기업들이 최근에 가격 경쟁에서 고전을 면치 못하고 있습니다. 반면에 디스플레이를 구성하는 부품을 생산하는 기업들은 저마다 높은 실적을 올리고 있습니다.

그 이유는 투명 TV나 롤러블 TV는 차치하더라도, 부품을 구매해 단순히 디스플레이를 조립하는 작업에는 그다지 대단한 노하우가 필요 없지만, 각각의 부품을 만드는 데는 오랜 세월에 걸쳐 축적한 기술과 그것을 유지하고 개량하는 두뇌 집단이 필요하기 때문입니다.

패널 및 디스플레이 시장이 향후 어떻게 발전하고 확대·재편성될지 쉽게 예측할 수 없는 상황인 만큼, 경영자의 판단력이 점점 더 중요해질 전망입니다.

COLUMN ✕

← → ⟳ ⌂ **디스플레이 디자인**

디스플레이 기술은 브라운관에서 액정, 플라스마, 유기EL로 크게 발전해 왔습니다. 이와 동시에 디스플레이 디자인도 크게 변모했습니다.

브라운관을 사용하던 시절에 TV는 한 변이 40~50cm나 되는 직육면체 플라스틱 케이스에 브라운관을 콤팩트하게 담아낸 형태의 디자인이었습니다.

하지만 그 시절 미국을 방문했다가 가정집의 TV 디자인에 놀란 적이 있습니다. 높이가 1m나 되는 중후한 가구처럼 보이는 TV가 집 안의 인테리어에 맞춰 차분한 분위기를 자아내고 있었던 것입니다. 일본 TV의 투박한 디자인에 익숙했던 필자의 눈에는 그저 신선하게 비쳤습니다.

가전제품 매장에 가보면 얇고 다양한 성능의 TV는 많지만 디자인은 획일적인 것을 알 수 있습니다. 소비자 입장에서는 액정, 유기EL, 4K, 8K와 같은 성능 차이 이외에도 디자인적인 선택지도 다양하면 좋겠다는 바람입니다.

제1장

유기EL의
발광 원리

먼저 스마트폰을 중심으로 점유율을 크게 늘리고 있는 유기EL 패널의 발광 원리를 살펴본다. 유기란 무엇을 의미하며, 유기EL이 어떻게 빛을 내는지를 이해하는 일이 이번 장의 목표다. 원자의 반응과 에너지의 관계, 에너지와 발광의 관계, 유기EL의 발광 원리 등을 하나씩 알아보자.

유기EL이란 무엇인가?

유기EL 디스플레이나 패널을 말할 때 유기란 무엇을 의미할까? 여기서는 유기 및 유기물에 대해 살펴본다.

유기EL(OLED)이란 무엇일까요? 유기EL의 유기는 **유기화합물**을 가리킵니다. 유기화합물은 간단히 유기물이라고도 합니다. **유기물**은 생명체가 만드는 화합물로 알려졌습니다. 즉 단백질이나 전분, 요소 등이 여기에 해당합니다. 하지만 화학이 발달하면서 이들 화합물도 화학적으로 합성할 수 있다는 사실을 알게 됐습니다.

현재 유기물은 탄소 원자(C)를 포함하는 분자로, 일산화탄소(CO)나 이산화탄소(CO_2)처럼 간단한 분자를 제외한 화합물들을 의미합니다. 또 다이아몬드나 흑연처럼 탄소만으로 이뤄진 분자는 일반적으로 **무기화합물**로 분류합니다.

무기화합물로 분류되는 것

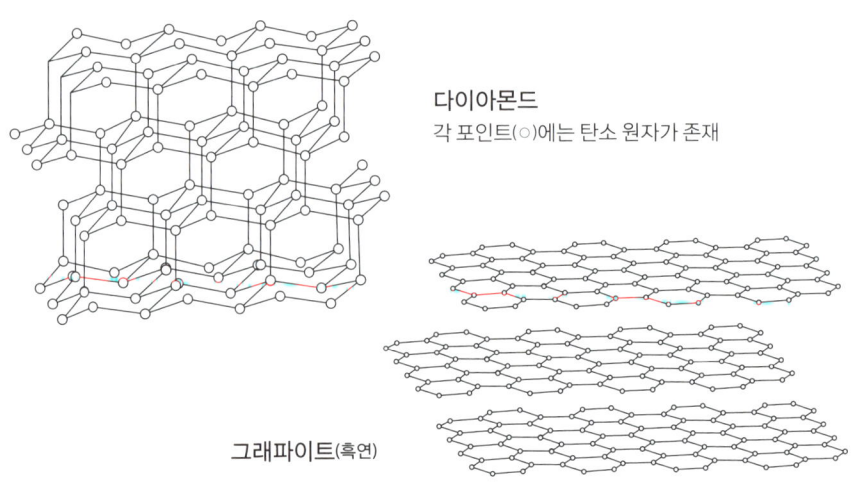

다이아몬드
각 포인트(○)에는 탄소 원자가 존재

그래파이트(흑연)

유기물과 발광

EL의 E는 Electric(전기)이고 L은 Luminescence(발광)를 의미합니다. 즉 유기EL은 전기로 발광하는 유기물이라는 의미입니다.

유기물이 **발광**, 즉 빛을 낸다고 하면 고개를 갸웃하는 분도 계시리라 생각합니다. 하지만 결코 신기한 현상이 아닙니다. 예를 들어 전형적인 유기물인 나무를 태운다고 합시다. 열이 나고 동시에 불꽃이 피어오르며 주변은 밝아집니다. 요컨대 불꽃은 열뿐만 아니라 빛도 냅니다.

불꽃은 나무에서 발생한 기체 유기물이 불에 탄 결과입니다. 여기서 알 수 있듯이 유기물은 연소(산화반응)하면 빛을 냅니다. 반딧불이가 빛나는 것도, 버섯이 빛나는 것도, 노벨상의 연구 대상이 된 평면 해파리가 빛나는 것도 모두 유기물이 빛나는 현상입니다.

생물의 발광에는 유기화학 반응 특유의 복잡함이 있습니다. 유기EL은 그런 유기물의 발광을 간단한 전기에너지의 수용에 의한 반응을 이용해 구현한 것입니다.

연소를 통해 빛을 내는 유기물

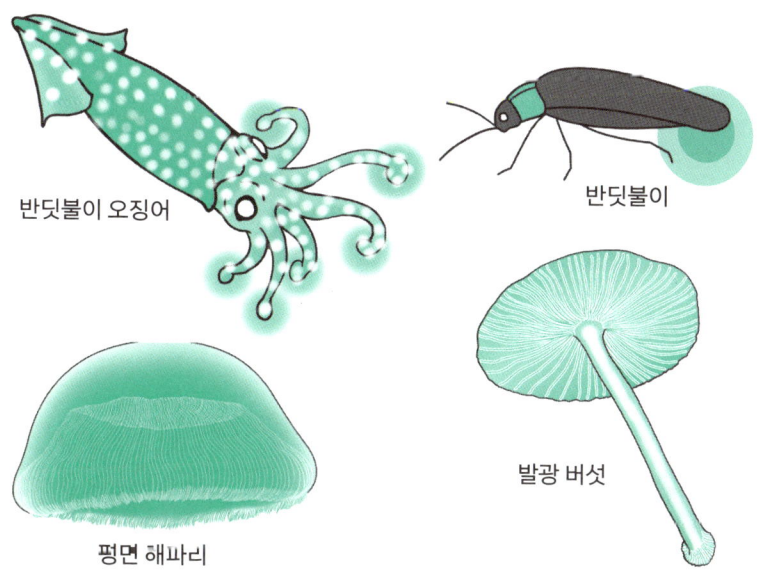

반딧불이 오징어

반딧불이

발광 버섯

펑면 해파리

빛은 전자파

발광에 대해 알아보기 전에 빛이 무엇인지를 살펴보겠습니다. 빛은 전자파의 일종입니다. 즉 전파의 일종이며, 횡파이므로 진동수 ν(뉴)와 파장 λ(람다)를 포함합니다. 빛의 속도, 즉 광속(c)은 파장과 진동수의 곱한 값으로 표현합니다.

$$c = \lambda\nu$$

전자파는 에너지(E)를 가지며 진동수에 비례하고 파장에 반비례한다고 알려졌습니다. h는 **플랑크 상수**라고 불리는 수치입니다.

$$E = h\nu = ch/\lambda$$

따라서 파장이 짧은 전자파는 고에너지이고, 파장이 긴 전자파는 저에너지입니다. 전자파는 파장이 수백 m나 되는 긴 것부터 1m의 10억 분의 1밖에 안 되는 짧은 것까지 매우 다양합니다.

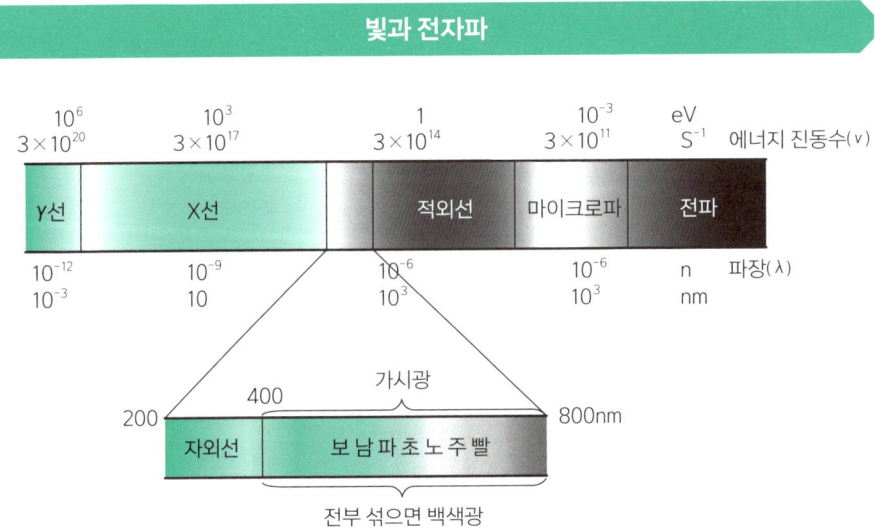

빛과 전자파

빛의 파장은 400nm부터 800nm까지입니다. nm는 나노미터라고 부르며 1nm는 10^{-9}m, 즉 1m의 10억 분의 1에 해당합니다. 예컨대 인간이 빛을 파악하는 센서인 '눈'은 파장이 400~800nm까지의 전자기파만 감지할 수 있습니다.

빛의 색채

빛은 파장에 따라 색이 달라집니다. 그 모습을 아래 그림으로 나타냈습니다. 전자파는 파장이 길면 **전파**라고 하고 800nm보다 조금 긴 것은 **적외선**이라고 합니다. 그리고 400~800nm는 빛이라고 하며, 더 짧으면 **자외선**, **X선**이라고 합니다.

인간은 적외선, 자외선 등을 눈으로 볼 수 없습니다. 하지만 적외선은 피부로 느껴지는 열로 감지할 수 있으며 자외선도 피부가 햇볕에 탄 것으로 감지합니다.

빛은 파장에 따라 색이 다릅니다. 우리는 이를 무지개의 일곱 빛깔로 인식합니다. 그림에 나타낸 바와 같이 파장이 긴 빛은 빨간색, 짧은 빛은 보라색으로 보입니다. 햇빛은 색깔이 없기 때문에 **백색광**이라고 하는데, 프리즘으로 나누면 무지개의 일곱 빛깔로 분리됩니다. 그리고 일곱 가지 빛깔을 섞으면 원래의 백색광이 됩니다.

빛의 파장과 색채

파장이 길수록(빨간색) 굴절률이 작고 잘 꺾이지 않는다.
파장이 짧을수록(보라색) 굴절률이 크고 잘 꺾인다.

빛의 삼원색

무지개의 일곱 가지 빛깔을 섞으면 백색광이 된다고 설명했습니다만, 사실 일곱 가지를 모두 섞지 않고 세 가지만 섞어도 백색광이 됩니다. 이 세 가지 색을 **빛의 삼원색**이라고 하며 빨간색, 파란색, 초록색이 바로 그것입니다.

빛은 여러 색을 겹칠수록 명도가 높아집니다. 즉 밝고 경쾌하기 때문에 **가산 혼합**이라고 부릅니다.

세 가지 색이 아닌 두 가지 색만 섞으면 또 다른 색이 됩니다. 그 모습을 아래 그림으로 표현했습니다. 아울러 삼원색을 적당한 비율로 섞으면 다른 고유의 색을 만들 수 있습니다. 따라서 삼원색만 있으면 어떤 색도 자유롭게 만들 수 있습니다. 오늘날의 컬러 TV를 비롯해서 컬러 모니터는 모두 이 원리를 이용해 색을 표현합니다.

빛의 삼원색

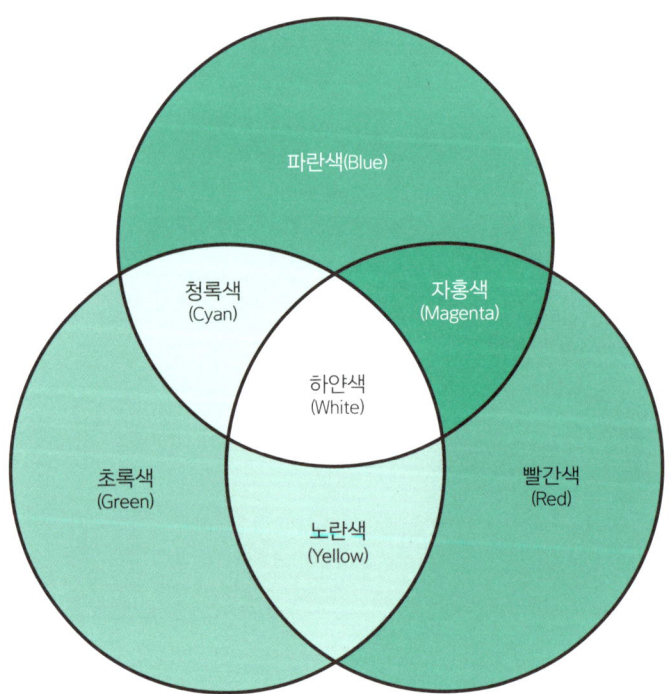

'유기EL'에서 '유기'는 '유기물'의 유기를 뜻합니다. '유기물', '유기화합물', '유기 분자'와 같이 엄밀히 따지면 다소 차이가 있지만 여기서는 완전히 같다고 생각해도 무방합니다.

그렇다면 유기물이란 무엇일까요? 유기물은 영어로 organic compounds입니다. 여기서 organ은 생명체의 기관이나 장기를 뜻합니다. 즉 유기물은 단백질, 당류, 요소 등 생명체와 관련된 물질, 생명체만이 만들 수 있는 물질을 의미합니다.

천연 다이아몬드의 결정 (출처: Wikipedia)

C₆₀의 결정 (출처: Wikipedia)

그런데 화학이 발달하자 요소는 물론이고 단백질, 당류도 모두 실험실에서 인공적으로 만들 수 있다는 사실을 알게 됐습니다. 그래서 현재 유기물은 '탄소를 포함한 분자 중에서 일산화탄소(CO)나 시안화수소(HCN)처럼 간단한 구조의 화합물을 제외한 것'으로 정의합니다.

복잡한 구조의 분자라도 다이아몬드나 풀러렌(C_{60})과 같이 탄소만으로 이뤄진 분자는 일반적으로 무기물로 취급하지만, 유기물과의 관련성이 있을 때는 유기물로 취급하기도 합니다. 어쨌든 유기물과 무기물의 분류와 같은 자잘한 부분은 신경 쓰지 않아도 됩니다. 정말로 주목해야 할 내용이 많기 때문입니다.

에너지란 무엇인가?

1-1에서 언급한 대로 빛에는 에너지가 있다. 그렇다면 과연 에너지란 무엇일까? 여기서는 에너지와 열에 대해 살펴본다.

앞서 빛에 **에너지**가 있다고 했습니다. 에너지는 무엇일까요? 우리는 에너지라는 말을 흔히 사용하지만 정식으로 '에너지란 무엇인가?'라고 물으면 순간 망설이게 됩니다. 그것은 우리가 에너지를 직접 보거나 듣고 만지는 등의 경험을 할 수 없기 때문입니다. 에너지의 어원은 그리스어의 에네르게이아(energeia)이며, '힘' 또는 '일의 근원'이라는 의미입니다.

우리는 에너지를 다양한 형태로 느끼고 이용합니다. 풍력, 수력, 전력, 원자력 등을 예로 들면 '아하 그렇구나!' 하고 바로 이해할 수 있을 것입니다. 열 또한 증기기관을 작동시키는 중요한 에너지입니다.

위치에너지와 일

지붕에서 뛰어내리면 왜 다리가 부러질까요?

지붕에서 뛰어내리면 평범한 대부분 사람은 다리를 삐거나 심하면 뼈가 부러질 수도 있습니다.

왜 그럴까요? 그 이유는 **위치에너지** 때문입니다. 지구에는 중력이 작용합니다. 중력에 바탕을 둔 에너지를 위치에너지라고 합니다. 위치에너지의 크기는 지상으로부터 얼마나 높이 있는지에 비례합니다. 그래서 지면과 지붕을 비교하면 지붕이 위치에너지가 더 큽니다.

지붕의 위치에너지를 ΔE라고 가정하면 지붕 위에 서 있는 사람은 위치에너지가 ΔE만큼 있습니다. 반면에 지면에 서 있는 사람의 위치에너지는 0입니다.

지붕 위의 사람이 지면으로 뛰어내리면 위치에너지가 ΔE에서 0으로 변합니다. 즉 두 상태의 에너지 차이 ΔE가 외부로 방출되고, 그 에너지가 다리를 부러뜨리는 **일**(work)을 한 것입니다.

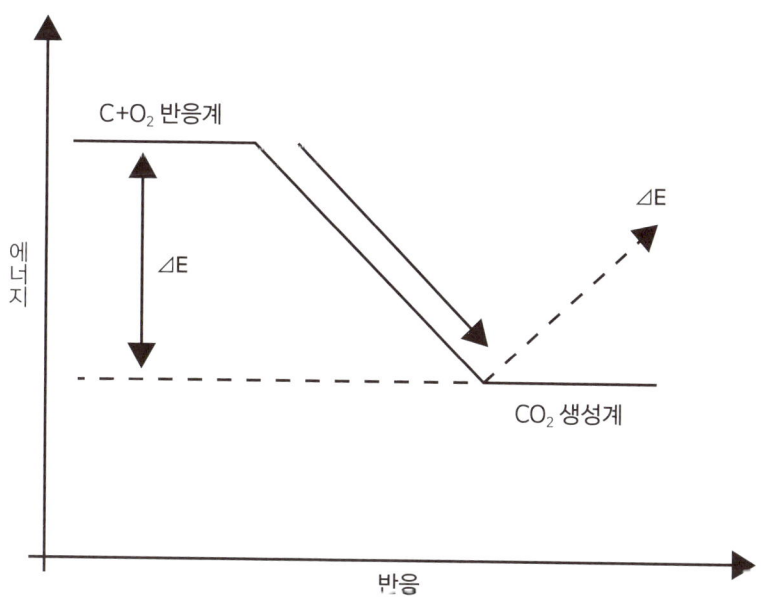

에너지와 반응

숯을 태우면 왜 뜨거워질까?

숯을 태우면 뜨거워집니다. 뜨거워진다는 것은 숯이 타면서 열이라는 에너지를 방출하기 때문입니다. 왜 숯을 태우면 열이 방출될까요?

숯은 탄소(C) 덩어리입니다. 숯이 타면 탄소가 산소(O_2)와 화학반응을 일으켜 이산화탄소(CO_2)가 됩니다.

에너지와 열

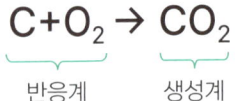

$$C + O_2 \rightarrow CO_2$$

반응계   생성계

모든 원자와 분자는 고유한 크기의 에너지를 가지고 있습니다. C도 O_2도 CO_2도 모두 마찬가지입니다. 위의 반응식에서 화살표 왼쪽의 물질을 **반응계**, 오른쪽의 물질을 **생성계**라고 합니다. 위 반응식의 양쪽 에너지를 비교하면 반응계가 더 큰, 즉 고에너지입니다.

따라서 반응계가 생성계로 바뀌면 둘 사이의 에너지 차이 ΔE가 외부로 방출되고 그 에너지가 열로 관측되는 것입니다.

1-03 네온사인은 어떻게 빛날까?

여기서는 원자가 빛나는 이유에 대해 에너지의 상태와 관련해서 살펴보자.

푸르스름한 빛을 내며 공원을 밝히는 수은등 안에는 액체 금속인 수은(Hg)이 들어 있습니다. 빨간 네온사인 안에는 네온(Ne) 기체가 들어 있습니다. 수은도 네온도 모두 원자입니다. 원자는 어떻게 빛을 낼까요?

수은등과 네온사인이 빛나는 원리

수은등에 전기를 넣으면 수은 원자가 전기에너지 ΔE_{Hg}를 받아 **고에너지 상태(여기상태)**가 됩니다. 이 상태는 불안정하기 때문에 수은 원자는 받은 에너지를 방출하고 **원래 상태(기저상태)**로 돌아가려고 합니다. 이때 여분의 에너지 ΔE_{Hg}가 방출되고 푸르스름한 빛이 관찰됩니다.

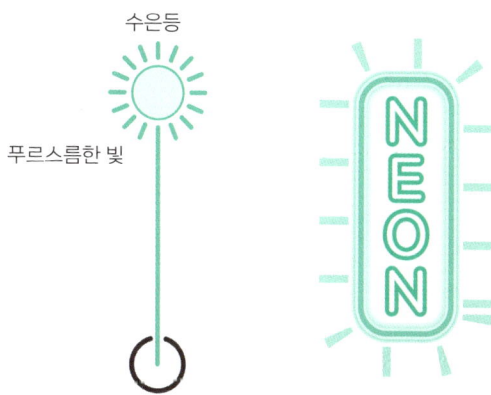

네온사인이 빛나는 이유

수은등

푸르스름한 빛

NEON

네온사인도 같은 원리입니다. 네온 원자가 ΔE_{Ne}를 흡수해서 여기상태가 되면, 이 상태는 불안정하므로 기저상태로 돌아가면서 ΔE_{Ne}를 붉그스름한 빛의 형태로 방출합니다.

수은등과 네온사인의 빛깔이 다른 이유

그럼 수은등은 푸르스름하고, 네온사인은 붉그스름한 이유는 무엇일까요? 그것은 두 원자가 방출하는 빛의 파장이 다르기 때문입니다. 수은과 네온의 여기상태와 기저상태의 에너지 차이 ΔE를 비교해 보면, 수은의 에너지 차이가 더 큽니다. 즉 $\Delta E_{Ne} < \Delta E_{Hg}$입니다.

앞에서 살펴본 것처럼 빛의 파장이 고에너지이면 짧고 저에너지이면 깁니다. 32쪽 그림에서 알 수 있듯이 짧은 파장의 빛은 파란색이고 긴 파장의 빛은 빨간색입니다. 그 때문에 에너지 차이가 큰 수은의 빛은 푸르스름하고, 에너지 차이가 적은 네온사인의 빛은 붉그스름한 것입니다.

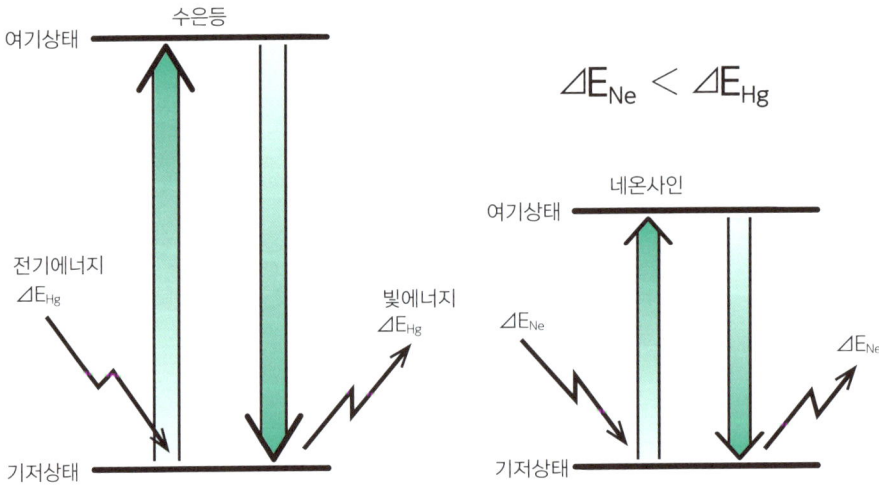

수은등과 네온사인의 빛깔

형광등은 어떻게 빛날까?

수은등과 네온사인에 이어, 여기서는 형광등이 빛나는 이유를 살펴본다.

형광등은 수은등의 일종이며 유리관 안에는 액체 수은(Hg)이 들어 있습니다. 수명을 다한 수은등을 깨부수지 않고 회수하는 이유는 유해한 수은이 외부로 누출돼 환경오염을 일으키는 것을 막기 위해서입니다.

형광등의 구조

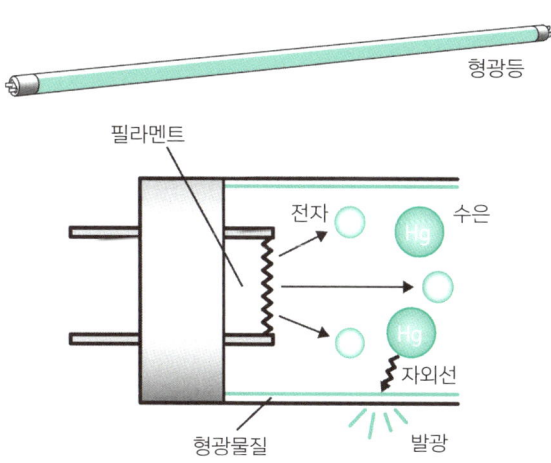

형광등

필라멘트

전자 수은

자외선

형광물질 발광

형광등 빛이 푸르스름하지 않은 이유

즉 형광등은 수은등과 같은 원리로 빛을 냅니다. 수은 원자에 전기에너지를 가하면 여기상태가 되고, 그것이 원래의 기저상태로 돌아갈 때 한 번 흡수한 전기에너지를 빛에너지로 바꿔 발광합니다.

하지만 형광등의 빛은 수은등의 빛과 달리 푸르스름하지 않습니다. 주광색이라고 부르며 햇빛과 같은 백색광에 가까운 색입니다. 같은 수은 원자가 발광하는데 수은등은 푸르스름하고, 형광등은 하얀 이유가 무엇일까요?

형광등의 발광 원리

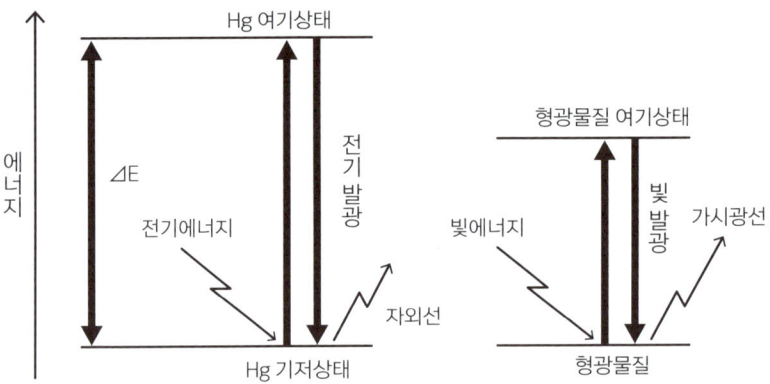

형광물질

그것은 형광등의 유리관 안쪽에 **형광물질**이라고는 특수한 물질이 발라져 있기 때문입니다. 형광물질이란 빛을 한 번 흡수한 후에 그 빛을 다시 방출하는 물질을 말합니다. 손목시계의 문자판에 형광물질을 바르기도 하는데, 같은 원리입니다.

손목시계의 형광물질은 흡수한 빛을 천천히, 장시간에 걸쳐 방출하는 데 비해 형광등의 형광물질은 흡수한 빛을 즉시 방출합니다. 흡수한 빛이 방출되는 거니까 들어간 빛과 나온 빛은 같다고 생각할지 모르겠지만 사실 그렇지 않습니다. 모든 변화에는 에너지 손실이 따릅니다.

흡수된 빛의 에너지 중 일부는 열에너지로 소비됩니다. 따라서 형광물질에서 나온 빛은 형광물질로 들어간 빛, 즉 수은이 발광한 빛보다 저에너지입니다. 따라서 형광물질이 발광하는 빛은 형광물질이 흡수한 빛보다 파장이 깁니다. 이것이 형광등의 빛이 푸르스름하지 않은 이유입니다. 수은등에서 나온 빛을 형광물질에 통과시켜 에너지를 줄이고 파장을 늘였다는 의미입니다.

유기EL은 어떻게 빛날까?

지금까지 원자의 반응과 에너지의 관계, 에너지와 발광의 관계를 살펴봤다. 그럼 유기EL이 어떻게 빛나는지 알아보자.

지금까지 원자의 반응과 에너지의 관계, 에너지와 발광의 관계를 살펴봤습니다. 원자에 전기가 통하면, 즉 원자에 전기에너지를 가하면 발광한다는 현상이 이상하다고 생각할지도 모르지만, 결코 신기한 현상이 아니며 화학 현상을 에너지 현상으로 바꿔 생각하면 극히 자연스러운 현상임을 알 수 있습니다.

형광등의 형광물질은 무엇일까?

그럼 이 책이 다루는 '유기EL'로 되돌아가서, '유기EL은 어떻게 빛날까?'에 대해 생각해 봅시다.

앞에서는 원자의 발광 현상을 설명했습니다. 원자가 발광한다면 원자로 이뤄진 분자가 발광하는 것도 당연합니다. 이렇게 간단히 이해할 수 있으면 좋겠지만 뭔가 충분히 이해되지 않는다는 분도 계시리라 생각합니다.

그렇다면 분자가 발광하는 예를 살펴보겠습니다. 간단한 예로는 형광등에 들어간 형광물질을 들 수 있습니다. 형광등은 오랜 역사를 거치며 개선과 개량을 거듭해 왔는데, 지금의 형광물질은 이트륨(Y), 세륨(Ce), 가돌리늄(Gd) 등의 희토류 금속과 같은 무기물이 주를 이루고 있습니다.

발광하는 유기물은 없을까?

무기물뿐만 아니라 발광하는 유기물도 많습니다. 가장 친근한 물건 중에는 세탁할 때 사용하는 형광증백제를 예로 늘 수 있습니다. 요즘 세제에는 형광증백제가 들어갑니다. 더럽고 누렇게 된 옷을 깨끗하고 하얗게 빨고 싶다는 간절한 바람에서 개발됐습니다.

옛날에는 세제에 파란색 염료를 섞어서 사용했습니다. 더러워진 옷의 누런 얼룩을 가려서 '하얗게' 보여주지만 결코 옷이 하얗게 된 것은 아닙니다. 누런색을 가리기 위해 그만큼 파란색을 가미한 것일 뿐이어서 전체적으로 어두워집니다. 그렇게 하다가 서양 칠엽수에서 **에스쿨린**이라는 물질이 발견됐습니다.

이 물질은 아래 그림에서 보는 것처럼 수소(H)와 산소(O), 탄소(C)만으로 이뤄진 유기물입니다. 그런데 이 물질은 형광등의 형광물질과 마찬가지로 태양광 속 자외선을 흡수하면 그보다 약간 파장이 긴 푸르스름한 빛을 냅니다.

이 푸르스름한 발광이 옷의 누런 얼룩을 지웁니다. 현재 우리가 하얗게 빛나는 셔츠를 입을 수 있는 이유는 이 유기물 형광증백제 덕분입니다.

발광하는 유기물

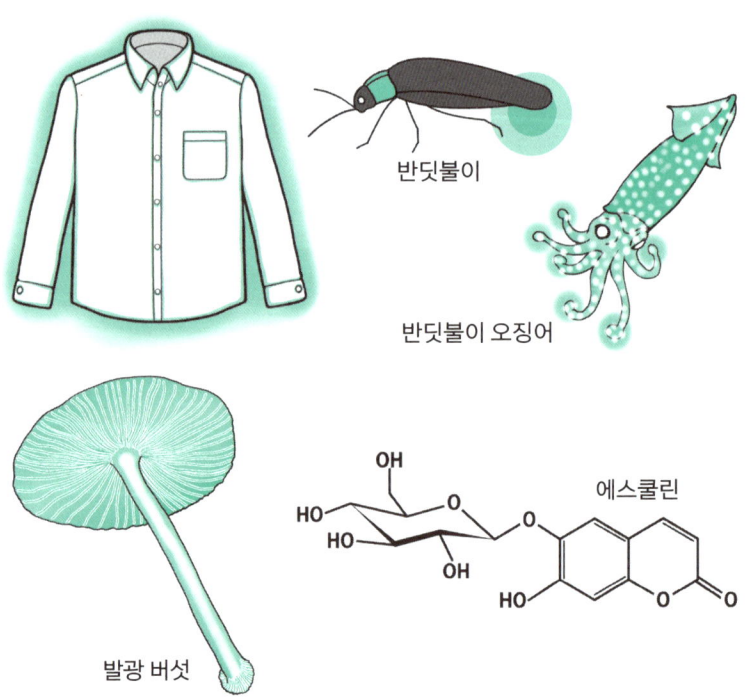

반딧불이

반딧불이 오징어

발광 버섯

에스쿨린

냉광이란 무엇인가?

대체로 빛은 열이 날 때 발생합니다. 태양이 대표적입니다. 숯불도 뜨겁고 백열전구도 뜨겁습니다. 형광등도 백열전등만큼은 아니지만 역시 뜨겁습니다. 최첨단 조명기구로 불리는 LED도 열이 납니다.

그런데 전혀 열을 내지 않는 발광체가 있습니다. 바로 **생물 발광**입니다. 생물 중에는 빛을 내는 종류가 많습니다. 반딧불이, 야광충, 심해어, 발광 버섯 등이 내는 빛에서는 열이 나지 않습니다. 이처럼 발열을 동반하지 않는 발광을 **냉광**이라고 합니다.

냉광은 생물이 발광하는 것이므로 발광체는 유기물입니다. 즉 유기물이 발광하는 것은 결코 드문 현상이 아닙니다. 자연계에서는 오히려 당연한 현상입니다. 게다가 이와 같은 발광은 우리가 흔히 접하는 전구나 형광등처럼 발열을 동반하지 않습니다.

유기EL은 왜 빛날까?

이 책의 앞부분만 읽으신 분은 '나무나 플라스틱 같은 유기물이 빛을 발한다는 게 무슨 말이지?' 하고 생각하셨을지 모르겠습니다. 하지만 여기까지 읽고 나서 생각이 달라지셨을 것입니다.

'유기물이 빛을 내는 게 그렇게 신기한 일은 아니구나. 와이셔츠나 반딧불이, 버섯이 발광하기도 하니까 말이야. 근데 유기EL의 발광 원리는 뭘까? 와이셔츠나 버섯과 같은 유기물이 전기가 없어도 발광한다는 건 알겠어. 하지만 유기EL이 전기로 발광한다는 건 무슨 말이지?'

의문이 꼬리에 꼬리를 물다가 이런 궁금증까지 품었을지도 모르겠습니다. 당연한 의문이라고 생각합니다. 이에 대한 답은 다음 장에서 살펴보겠습니다.

반딧불이는 개체수가 줄고 있지만, 빛을 내는 생물은 그 외에도 많습니다. 여름 바다에 가면 파도 사이로 빛을 내는 야광충을 볼 수 있습니다. 산에 가면 발광 이끼와 발광 버섯이 발밑을 밝혀주기도 합니다. 깊은 바다에는 많은 심해어가 신비로운 빛을 뿜냅니다. 이들 생물은 체내의 유기화합물을 사용해 빛을 냅니다. 즉 유기화합물이 빛을 발하는 것입니다. 이런 사실을 생각하면 유기EL이 발광한다는 이야기에 더는 놀랄 필요가 없을지도 모릅니다.

그런데 유기EL은 전기에너지를 사용해 발광합니다. 이에 비해 생물은 건전지나 콘센트로 전기에너지를 사용할 수 없습니다. 과연 생물은 어떤 메커니즘으로 발광할까요?

발광하는 생물 종류

◀ 발광 이끼

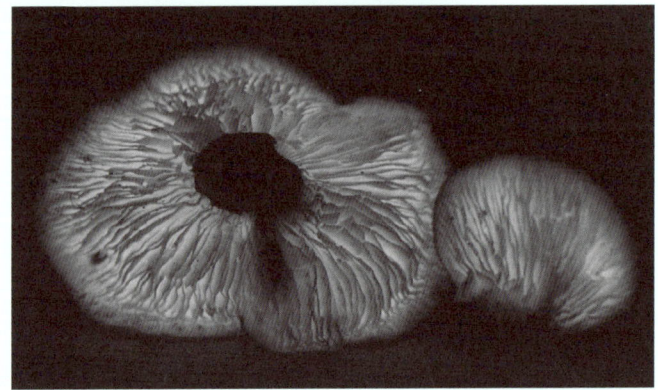

발광 버섯 ▶

● 루시페린 – 루시페라아제 메커니즘

생물 발광은 간단하게 다음과 같이 설명할 수 있습니다. '생물 체내의 루시페린이라는 물질이 루시페라아제라는 효소의 힘을 빌려 발광한다.' 하지만 이런 수준은 그저 아는 체하기 위한 설명에 지나지 않습니다. 특히 이공계 전공자라면 이 정도로 만족해서는 곤란합니다.

● 실제 발광 메커니즘

생물 발광의 메커니즘은 다양하지만 여기서는 가장 기본적인 것을 살펴보겠습니다. 갯반디를 예로 들어보겠습니다. 갯반디의 발광 물질은 갯반디 루시페린 A입니다. 언뜻 복잡한 구조처럼 보이지만, (갯반디에게는 미안하지만) 다른 생물의 유기화합물 구조에 비교하면 그다지 복잡하지 않습니다.

▼ 갯반디와 발광

 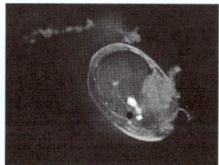

출처: Wikipedia

갯반디의 발광 원리(반응에 관한 부분)

▲ 갯반디의 발광 원리(반응에 관한 부분)

아래 그림은 분자 A의 중요 부분(반응에 관여하는 부분)만을 표현한 것입니다. 먼저 발광 물질인 A(즉 부분 구조 B)가 효소 루시페라아제의 도움으로 산소(O_2)와 반응해서 다이옥세탄 유도체 C가 됩니다. 그 후 C는 분해되고 저에너지 물질인 이산화탄소(CO_2)를 방출합니다. 저에너지 상태의 CO_2를 방출한 후, 남은 부분인 D는 그만큼 고에너지 상태가 되고 고에너지 여기상태인 D* 가 됩니다. 여기상태가 원래의 저에너지 상태인 기저상태로 돌아갈 때, 여분의 에너지를 발광하는 것입니다.

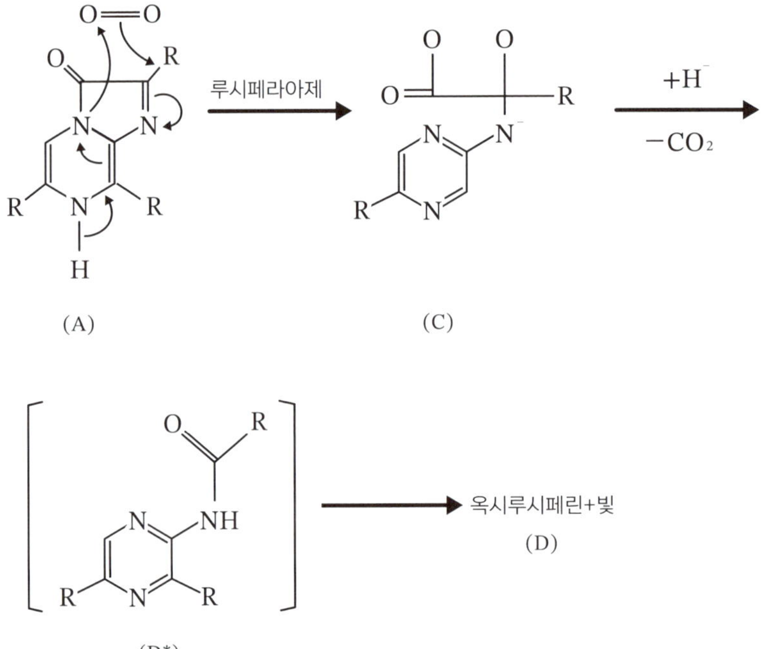

(A)   (C)

(D*)

▲ 갯반디의 발광 원리

제2장

유기EL
분자 구조

이번 장에서는 유기EL이 발광하는 데 필요한 발광 분자에 대해 살펴보자.

발광 분자의 발광에 열쇠를 쥐고 있는 세 종류의 분자가 갖춰야 할 특성과

현재 활발히 연구 중인 인광 발광 분자에 대해서도 알아본다.

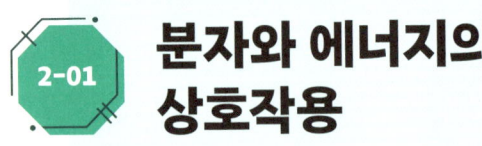

분자와 에너지의 상호작용

앞 장에서는 원자와 분자의 발광을 설명했으며, 발광은 발열과 마찬가지로 원자나 분자가 일으키는 에너지 현상임을 밝혔다. 여기서는 그 관계를 좀 더 자세히 살펴본다.

분자의 전자 구조

원자는 **원자핵**과 그것을 둘러싼 전자로 이뤄져 있습니다. 전자는 원자 궤도 (atomic orbital, **AO**)라는 상자에 들어 있습니다. 원자로 이뤄진 **분자**도 마찬가지입니다. 분자는 원자핵이 연결된 사슬 또는 고리와 같은 구조체와 그것을 둘러싼 전자로 이뤄져 있습니다. 분자의 전자는 **분자 궤도**(molecular orbital, **MO**)라는 상자에 들어 있습니다.

분자 궤도는 매우 많으며 분자를 구성하는 전자의 개수만큼 존재합니다. 메탄 (CH_4)은 구조가 가장 단순한 유기화합물이지만, 전자 수를 보면 탄소 원자 1개가 6개의 전자를, 수소 원자 4개가 각각 1개의 전자를 가지고 있어 총 10개의 전자로 이뤄져 있습니다. 메탄처럼 간단한 분자도 분자 궤도가 10개인 셈입니다. 각각의 분자 궤도는 고유한 에너지를 가지며, 51쪽 그림은 분자 궤도들을 에너지 순서대로 나열한 것입니다.

분자의 전자는 분자 궤도에 들어갈 때 다음 규칙을 따릅니다.

① 에너지가 낮은 궤도부터 차례대로 채운다.
② 하나의 궤도에는 전자가 최대 2개까지만 들어갈 수 있다.

분자 궤도는 전자의 개수만큼 존재하지만 하나의 분자 궤도에는 최대 2개의 전자만 들어갈 수 있기 때문에 실제로 전자가 채워져 있는 분자 궤도는 전체 분자 궤도의 절반에 해당하며, 그것도 낮은 에너지로 한정됩니다. 전자가 채워진 궤도를 **피점궤도**(occupied molecular orbital)라고 하고, 전자가 비어 있는 궤도를 **공궤도**(unoccupied molecular orbital)라고 합니다.

또한 피점궤도 중에 에너지가 가장 높은 궤도를 **최고 피점궤도**(highest occupied molecular orbital, **HOMO**)라고 하고, 공궤도 중에 에너지가 가장 낮은 궤도를 **최저 공궤도**(lowest unoccupied molecular orbital, **LUMO**)라고 합니다.

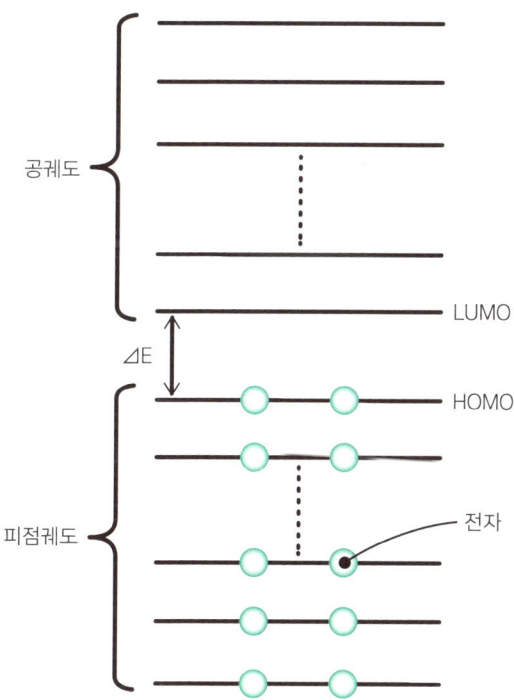

공궤도와 피점궤도

공궤도

LUMO

ΔE

HOMO

피점궤도

전자

기저상태와 여기상태

앞서 분자의 에너지 상태에는 고에너지 상태의 여기상태와 저에너지 상태의 기서상태가 있음을 설명했습니다. 그럼 두 가지 에너지 상태를 전자의 관점에서 살펴봅시다.

분자가 에너지를 흡수할 때 에너지를 받는 주체는 HOMO의 전자입니다. HOMO의 전자가 에너지를 받으면, 그 전자는 ⊿E만큼 에너지가 높은 상태인 LUMO로 이동합니다. 이러한 전자의 궤도 간 이동을 **전이**(전자 전이)라고 합니다.

그리고 전자가 이동하기 전의 상태를 기저상태, 이동한 후의 상태를 여기상태라고 합니다. 따라서 여기상태와 기저상태 사이의 에너지 차이는 HOMO와 LUMO 사이의 에너지 차이인 ⊿E와 같습니다.

즉 여기상태와 기저상태의 차이는 분자 궤도에 전자가 들어가는 방법(**전자 배치**)의 차이입니다. 두 상태 간의 이동은 HOMO와 LUMO 사이에서 전자 전이가 일어난 결과입니다.

좀 더 설명하면 HOMO의 전자는 전기에너지와 같은 외부 에너지인 ⊿E를 흡수해 LUMO로 이동합니다. 이 전자가 다시 원래의 HOMO로 이동할 때 불필요한 ⊿E를 외부로 방출합니다. 이때 방출된 에너지는 빛으로 관찰되는데 이것이 바로 발광 현상입니다.

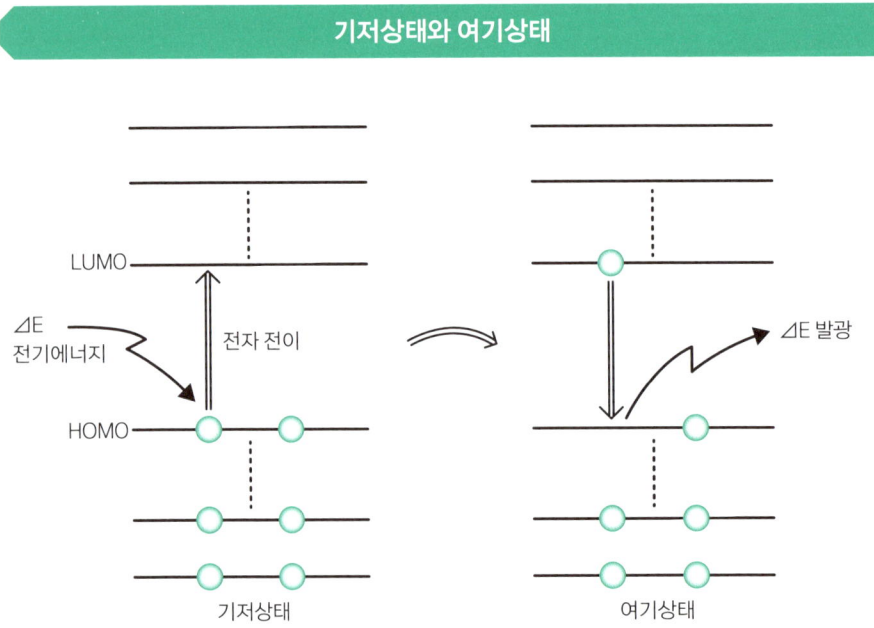

기저상태와 여기상태

2-02

유기EL 소자의 구조

앞서 설명한 바와 같이 유기EL의 발광 분자를 발광시키려면, 발광 분자를 여기상태로 만들면 된다. 여기서는 그 방법을 살펴본다.

전류란?

유기EL 소자를 살펴보기 전에 전기에 대해 알아둘 필요가 있습니다. 전기는 전압, **전류** 등이 있는데, 여기서 알아볼 것은 전류입니다. 전류는 전자의 이동, 또는 전자의 흐름을 의미합니다. 전자가 A 지점에서 B 지점으로 이동할 때, 전류는 그 역방향인 B 지점에서 A 지점으로 흘러갑니다.

전지를 예로 들어 설명하면 전지의 양극과 음극을 도선으로 연결했을 때, 전류는 외부 회로(도선)의 양극에서 음극을 향해 흐르는 반면에 전자는 반대로 음극에서 양극을 향해 이동합니다.

전류와 전자의 흐름

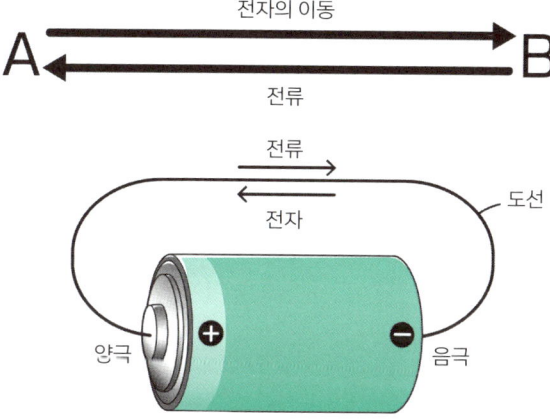

삼층 구조

유기EL의 발광체, 즉 유기EL 소자는 **삼층 구조**라는 교묘한 방법으로 발광 분자를 여기상태로 만듭니다. 구체적으로는 발광 분자(발광층)를 **전자 수송층 분자**와 **정공 수송층 분자**라는 2종의 분자층 사이에 끼워 넣은 구조입니다.

전자 수송층 분자란 음극에서 이동한 전자를 발광층으로 수송하는 분자입니다. 이에 반해 정공 수송층 분자란 발광층의 전자를 양극으로 운반하는 분자입니다. 이런 구조를 생각하면 '관찰자가 발광층에서 나온 빛을 어떻게 관찰할 수 있지?'라는 의문을 품을 수도 있지만 아무런 문제가 없습니다. 세 개의 각 층은 매우 얇아서 빛이 충분히 통과하며 전극도 투명 전극을 사용합니다.

유기EL 소자의 구조

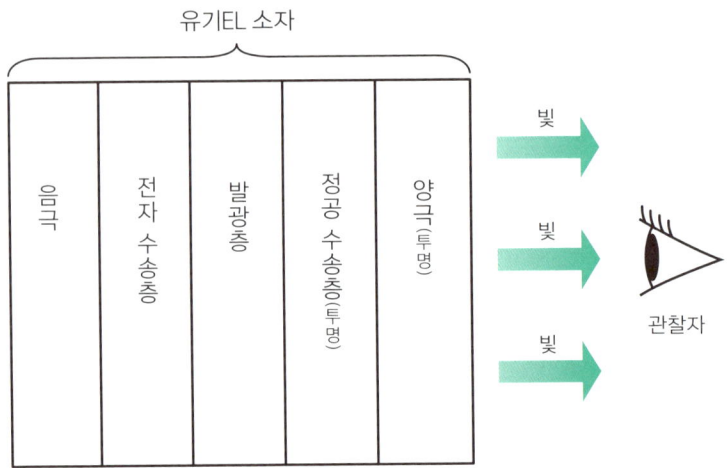

수송층 분자와 전극의 상호작용

각각의 분자가 전극에 연결됐을 때 어떤 변화가 일어나는지 살펴봅시다. 전자 수송층이 음극에 연결되면 전자 수송층 분자에 전자가 주입됩니다. 이 전자는 비어 있는 궤도인 공궤도에 들어가야 합니다. 즉 전자 수송층에는 전자가 한 개 증가하고 그 전자는 LUMO로 들어갑니다.

한편 정공 수송층이 양극에 연결되면 정공 수송층의 전자가 양극으로 흘러가는데, 이때의 전자는 HOMO의 전자입니다. 따라서 정공 수송층에는 HOMO의 전자가 한 개 감소합니다.

전자 수송층과 정공 수송층

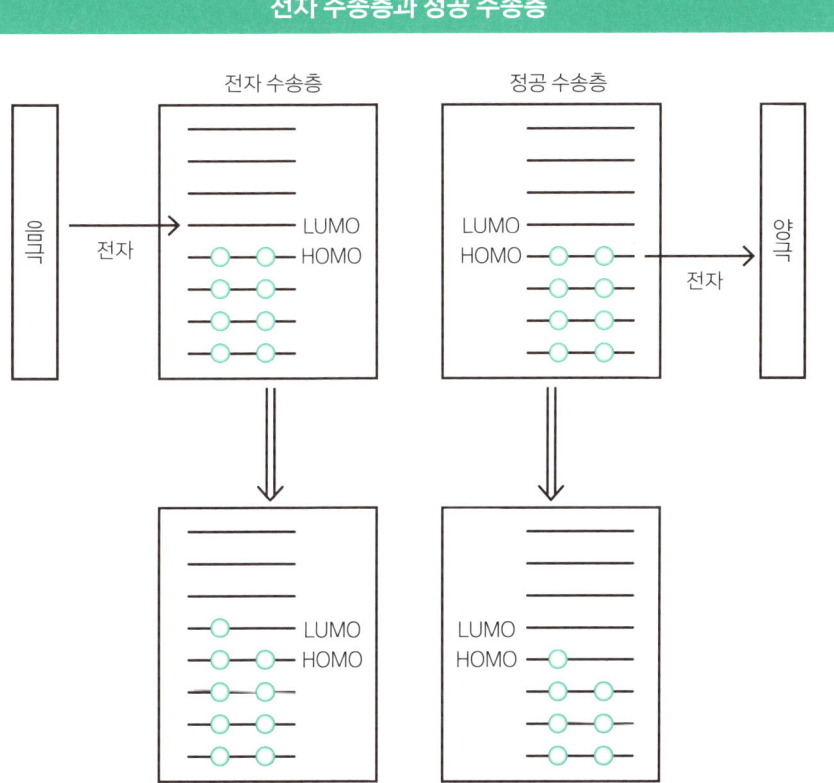

수송층 분자와 발광층 분자의 상호작용

이 과정으로 생겨난 전자 수송층 분자와 정공 수송층 분자가 발광층 분자와 상호작용해서 분자 간의 전자 이동(전이)이 일어납니다. 이때 이뤄지는 발광층 분자의 전자 배치를 살펴보면 다음과 같습니다.

HOMO의 전자가 한 개 줄어들고 대신 LUMO에 전자가 하나 채워집니다. 이는 결과적으로 HOMO의 전자가 LUMO로 전이한 것과 동일한 상태가 되며, 이로써 발광층 분자는 여기상태에 도달합니다.

이때 여기상태인 LUMO의 전자가 HOMO로 전이되면, 두 궤도 간의 에너지 차이(ΔE)가 방출되면서 발광이 일어납니다.

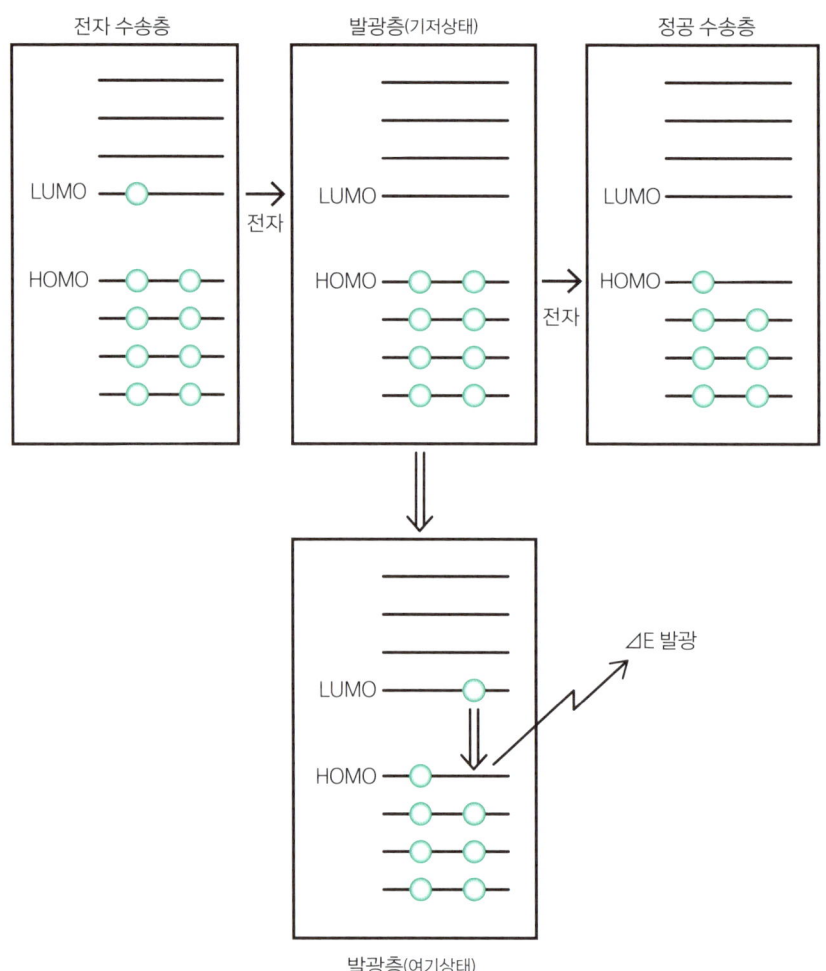

수송층 분자와 발광층 분자의 상호작용

유기EL 분자가 갖춰야 할 전자적 특성

2-03

유기EL에 필요한 분자는 전자 수송층 분자, 정공 수송층 분자, 발광층 분자로 총 세 종류다.
이들 분자가 갖춰야 할 특성을 살펴본다.

수송층 분자

전자를 수송하는 **전자 수송층 분자**는 전자를 수용하는 능력이 뛰어나야 합니다.
따라서 나이트릴기(CN)와 같은 전자 구인성 치환기를 가지고 있거나, 전자 결핍성
헤테로 방향족 고리를 포함하는 경우가 많습니다.

반대로 정공 수송층 분자는 전자를 방출하는 능력이 뛰어나야 합니다. 따라서 비
공유 전자쌍을 가지는 질소화합물을 이용하는 경우가 많습니다. 대표적인 **수송층
분자**를 그림으로 정리했습니다.

대표적인 수송층 분자

전자 수송층 분자

PBD

BSA-1

정공 수송층 분자

TPD-1

PEDOT

BSA-3

발광층 분자

발광층 분자는 말 그대로 발광하는 분자를 뜻하며, 유기EL의 중심 분자입니다. 그래서 많은 종류의 분자가 연구 및 개발되고 있습니다.

발광층 분자가 갖춰야 할 특성은 단순히 발광 능력만이 아닙니다. 즉 전자 수송층이 운반해 오는 전자를 효율적으로 받아들이고, 반대로 전자를 받아들이는 정공 수송층 분자에는 전자를 원활히 내줘야 합니다. 그리고 여기상태일 때는 에너지 차이를 발광 에너지로 잘 변환하는 특성도 필요합니다.

전자 수송층 분자의 LUMO에 있는 전자를 자신의 LUMO로 받으려면 발광층 분자의 LUMO는 전자 수송층 분자의 LUMO보다 에너지가 낮아야 합니다. 또한 자신의 HOMO 전자를 정공 수송층 분자의 HOMO로 방출하려면 발광층 분자의 HOMO는 정공 수송층 분자의 HOMO보다 에너지가 높아야 합니다.

그렇지 않으면 수송층 분자와 발광층 분자 간의 전자 이동이 원활하게 진행되지 않아서 발광하지 않거나, 혹은 발광해도 효율이 떨어집니다.

발광층 분자의 관계

전자 수송층 분자 | 발광층 분자 | 정공 수송층 분자

LUMO

LUMO

HOMO

HOMO

발광층 분자와 파장

발광층 분자는 전자적인 성질 외에 발광하는 빛의 색도 중요합니다. 유기EL이 실용적인 디스플레이 기기가 되려면 풀 컬러 구현이 절대 조건입니다. 풀 컬러를 구현하는 데 두 가지 방법이 있습니다. 하나는 백색 발광을 분광해서 원하는 빛만을 선택하거나, 반대로 삼원색을 조합해서 백색광을 만드는 방법입니다.

백색 발광 분자가 개발되면 풀 컬러 구현의 문제는 근본적으로 해결됩니다. 하지만 현재로서는 그러한 발광 분자가 개발되지 않았습니다.

현재 유기EL의 컬러 표시는 앞에서 언급한 빛의 삼원색을 활용합니다. 아래 그림으로 나타낸 세 종류의 분자는 모두 발광층 분자이며, PSD는 파란색, NSD는 초록색, PD는 빨간색으로 발색합니다. 즉 이 세 가지 색을 사용하면 실용적으로 거의 문제없는 백색 광원을 만들 수 있고, 동시에 이 세 가지 색을 적당한 비율로 섞으면 원하는 컬러를 구현할 수 있습니다.

발광층 분자

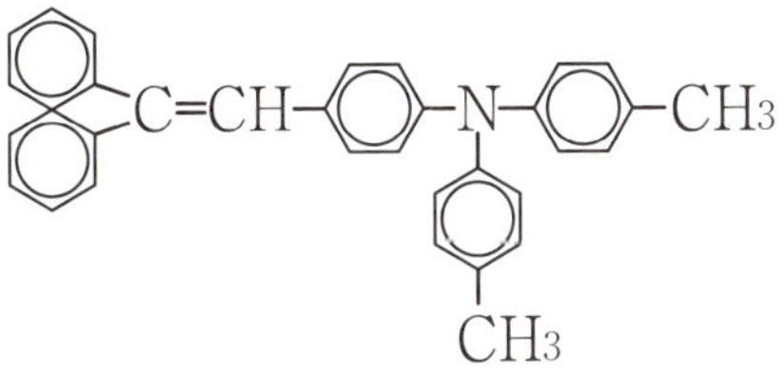

PSD(460nm) 파란색

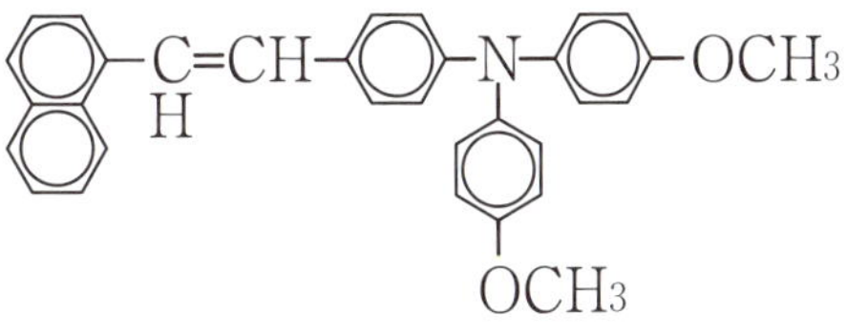

NSD(520nm) 초록색

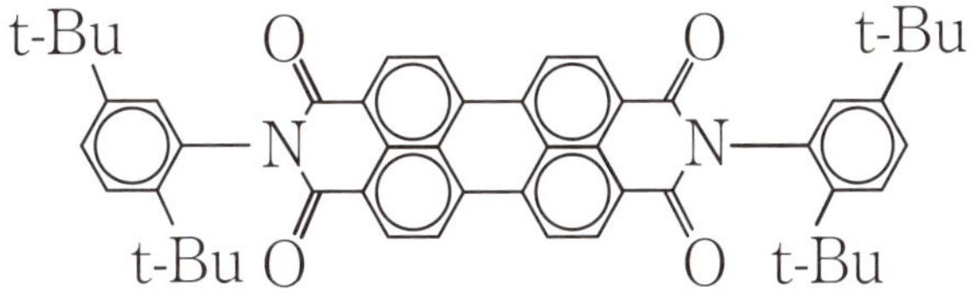

PD(620nm) 빨간색

세 종류의 분자가 어떤 발광 파장 분포를 보이는지를 그림으로 정리했습니다. 파장 분포의 범위가 인간의 눈으로 감지할 수 있는 400~800nm임을 알 수 있습니다.

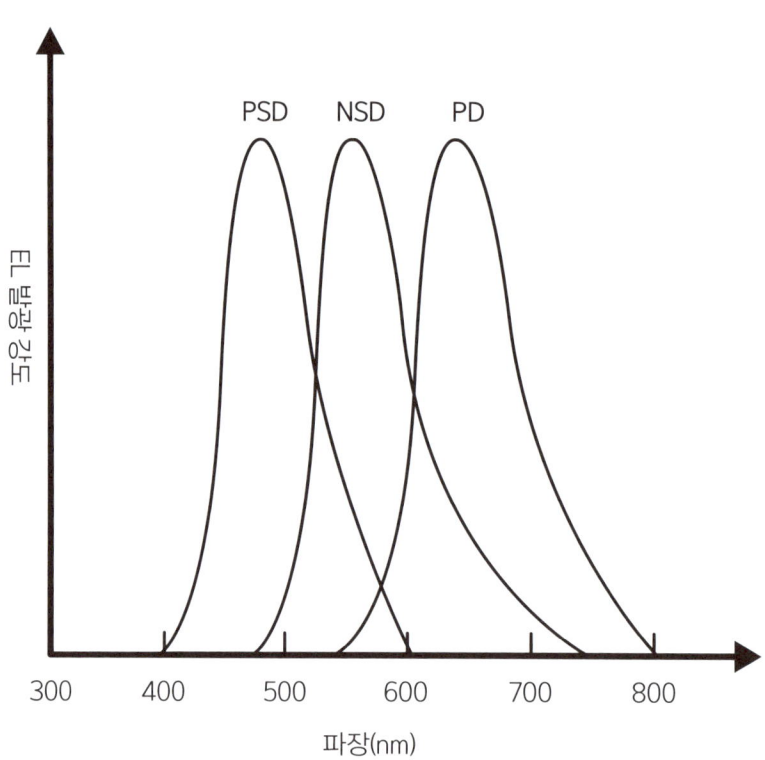

발광층 분자의 발광 파장 분포

발광층 분자의 종류와 분자 구조

2-04

발광층 분자는 여러 종류가 있지만, 크게 다음의 세 종류로 나눌 수 있다. 유기 색소계 발광층 분자, 금속 착체계 발광층 분자, 고분자계 발광층 분자다.

유기 색소계 발광층 분자

아래 그림은 유기 색소계 발광층 분자를 정리한 것입니다. 여러 종류가 개발되고 있지만, DPVBi와 spiro-8θ는 탄소와 수소만으로 구성된 탄화수소 분자입니다. BMA-nT는 질소 원자(N)를 가진 방향족 아민으로, 동시에 유황 원자(S)를 포함한 티오펜 코어를 가진 분자인데 n=3, 즉 티오펜 코어를 세 개 가지고 있는 BMA-

---

유기 색소계 발광층 분자

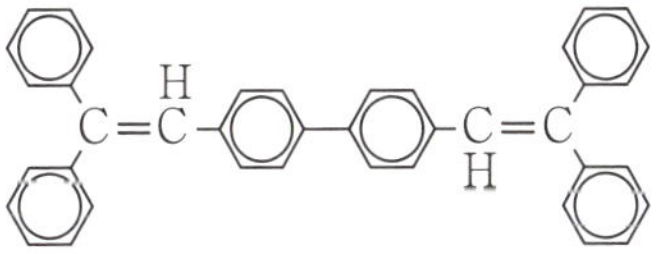

DPVBi

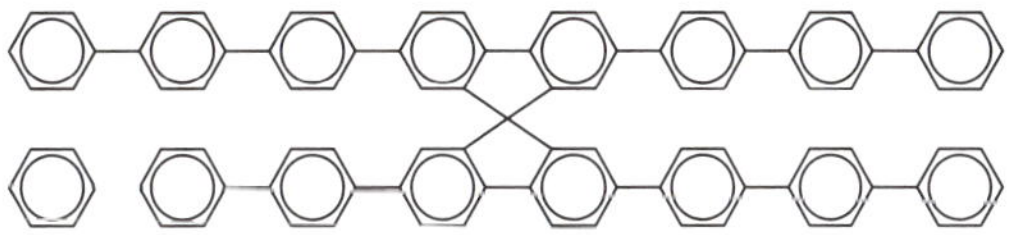

spiro-8θ

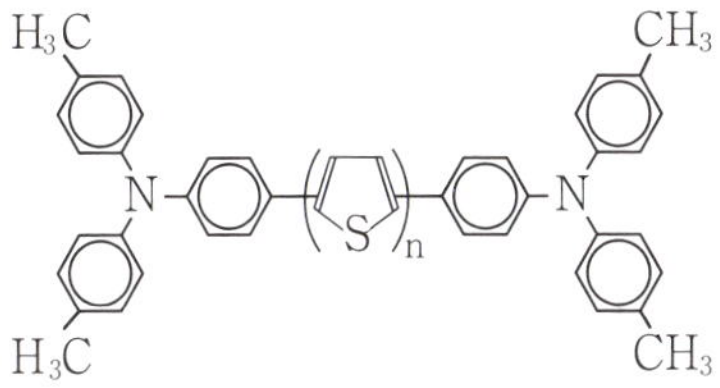

BMA-nT
13300cd/m^2

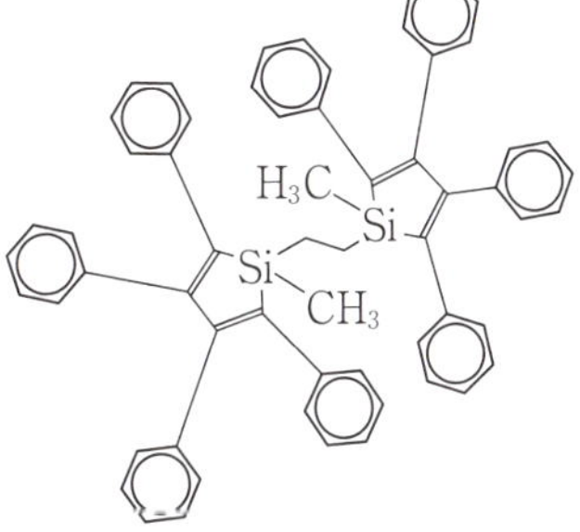

2PSP

3T는 13,300cd/m²라는 높은 발광 휘도를 자랑합니다. 2PSP는 규소를 포함한 실롤(Silole) 코어를 가진 화합물입니다.

금속 착체계 발광층 분자

현재 발광층 분자의 주류는 유기 분자로 이뤄진 코어에 금속 원자가 결합한 형태의 분자입니다. 일반적으로 이러한 분자를 **착체**라고 부릅니다. 금속은 여러 종류가 사용되고 있는데, 이리듐(Ir)은 인광 발광 분자로 나중에 살펴보겠습니다. 여기서는 소개할 **금속 착체계 발광층 분자**는 알루미늄(Al), 아연(Zn), 베릴륨(Be)을 사용하는 분자입니다.

Alq₃는 높은 발광 효율로 화학적, 열적 안정성도 뛰어나서 많은 유기EL 소자의 발광 분자뿐만 아니라, 수송층 분자로도 활용하고 있습니다. Almq₃는 Alq₃의 개량체이며 Almq₃는 최고 휘도 26,000cd/m²에 달합니다.

아연을 사용한 Znq₂는 최고 휘도가 16,200cd/m²로, Alq₃와 동등한 성능을 자랑

금속 착체 발광층 분자

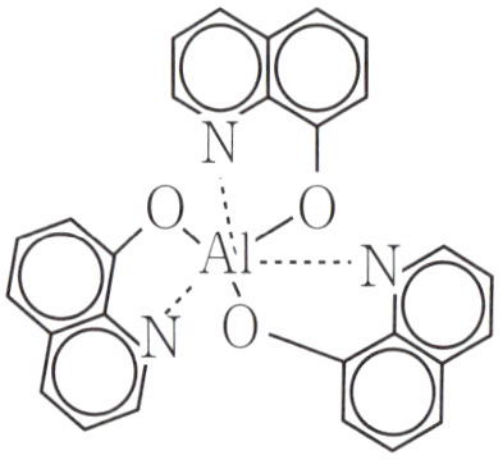

Alq₃

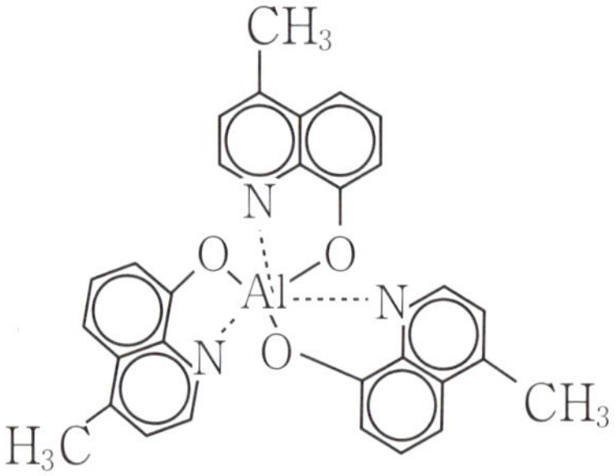

Almq₃

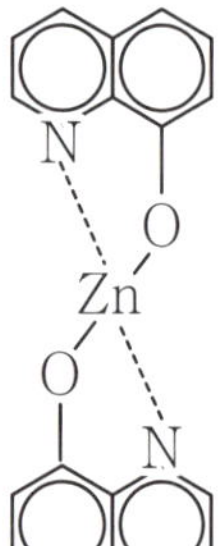

Znq₂

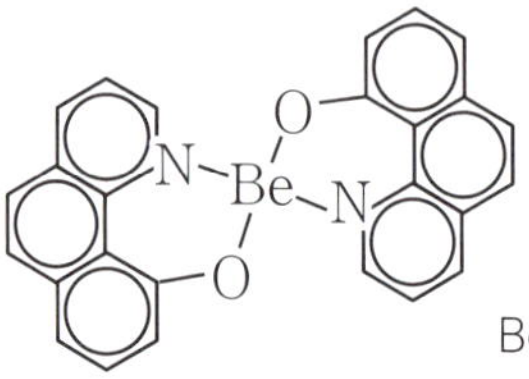

BeBq₂

합니다. 베릴륨도 우수한데, BeBq$_2$는 19,000cd/m^{2}로 Alq$_3$를 능가하는 값을 보입니다. 다만 베릴륨은 매우 독성이 강한 금속이기 때문에 제조업 종사자들은 베릴륨 분말이나 증기가 피어나지 않도록 작업 시 주의해야 합니다.

고분자계 발광층 분자

유기EL용 발광 분자의 재료로는 고분자계도 있습니다. 유기 색소계 및 금속 착체계 분자로 소자를 만들 때는 색소를 진공 증착하는 방법으로 박막을 형성합니다. 하지만 고분자라면 스핀 코팅법이나 경우에 따라서는 잉크젯법으로 도포하는 방식을 활용할 수 있어 면적이 넓은 소자를 만들 수 있습니다. 이 같은 공법상의 장점이 많은 것이 특징입니다.

고분자계 발광층 분자

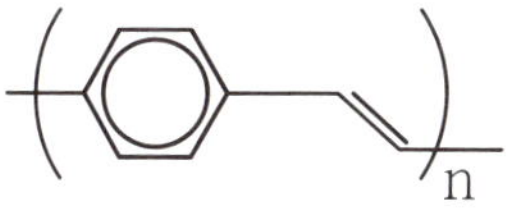

PPV

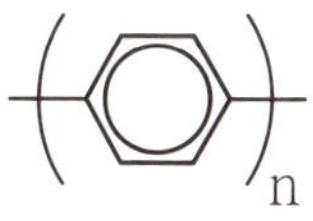

PPP

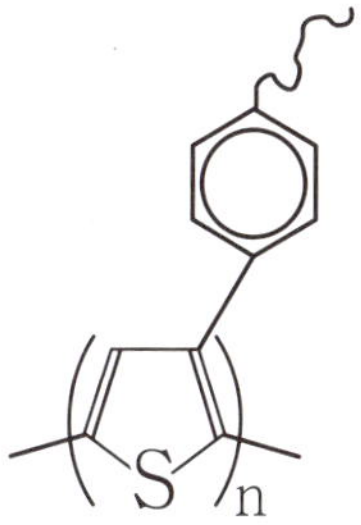

폴리티오펜 계열

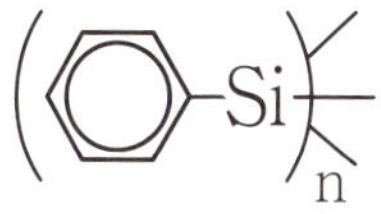

규소 수지 계열

고분자계 발광층 분자의 몇 가지 예를 그림으로 정리했습니다. 비닐계(PPV), 파라페닐렌계(PPP, PDAF)처럼 수소와 탄소만으로 이뤄진 고분자부터 유황(S)을 함유한 폴리티오펜, 규소(실리콘)를 포함한 규소 수지 계열에 이르기까지 많은 종류가 개발되고 있습니다.

도핑

발광층에서 발광하는 분자로는 앞서 소개한 발광층 분자 외에도 한 가지 유형이 더 있습니다. 바로 **도펀트 분자**입니다. 기본 소재 안에 소량의 별도 소재(**도펀트**)를 섞는 것을 **도핑**이라고 하는데, 이렇게 하면 기본 소재와 도펀트 사이에서 에너지 및 전자가 이동하면서 여러 현상이 일어납니다.

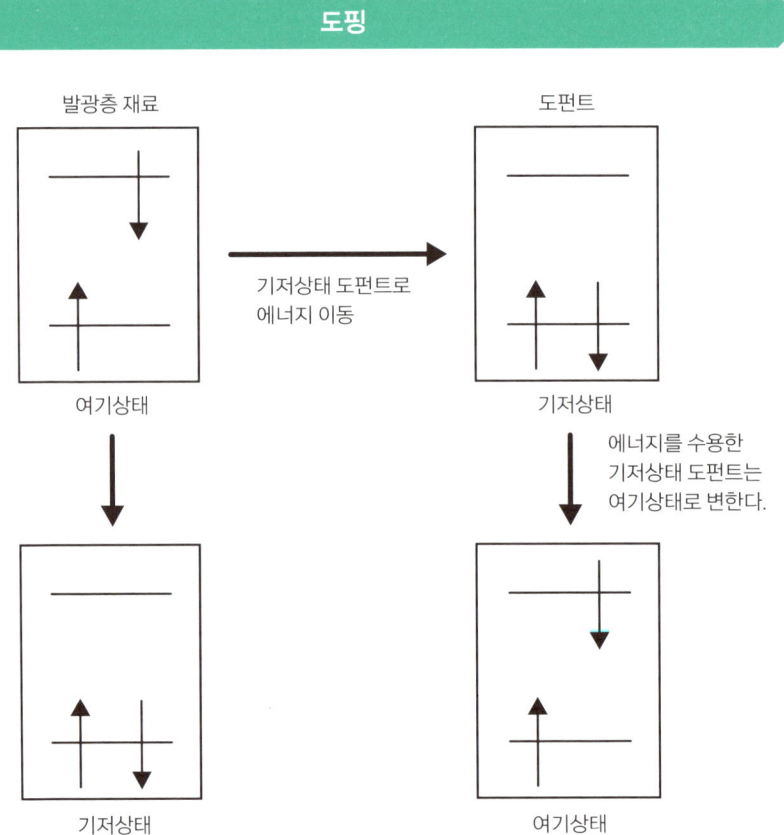

잘 알려진 도핑 사례로는 노벨 화학상을 수상한 시라카와 히데키 박사가 합성한 전도성 고분자를 들 수 있습니다. 히데키 박사는 폴리아세틸렌에 요오드를 도핑해서 금속 수준의 전도체를 만들었습니다.

유기EL의 기본 소재는 발광층 분자입니다. 발광층 분자에 적당량의 도프제(**도펀트**)를 섞으면 64쪽 그림과 같이 여기상태에 있는 발광층 분자의 에너지가 도펀트로 이동하고 도펀트가 여기상태가 됩니다. 이는 발광층 분자가 에너지 수송의 역할을 하고, 도펀트가 발광층 분자로 작용함을 의미합니다.

도펀트는 발광 분자이므로 도펀트 자체를 발광층 분자로 발광층에 사용해도 괜찮습니다. 하지만 발광 분자 중에는 농도가 짙으면 발광하지 않는(농도 소광) 것도 있습니다. 이럴 때는 도핑이 유효합니다. 몇 가지 도펀트의 구조를 아래 그림에 정리했습니다.

도펀트

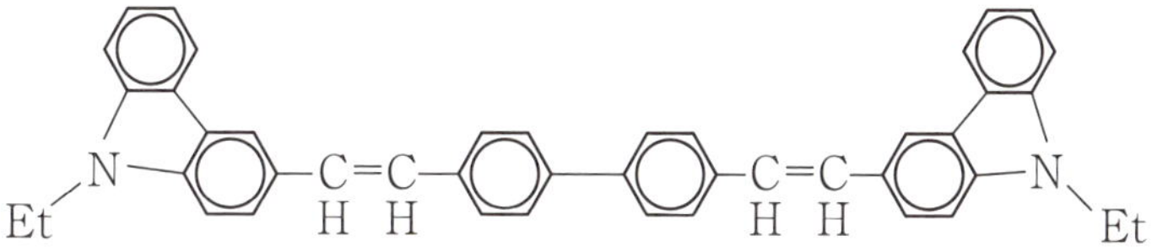

BCzVBi

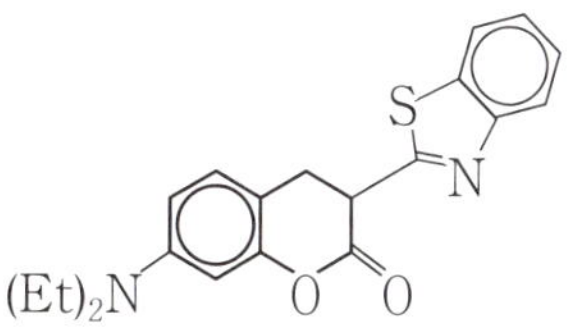

Coumarin 6

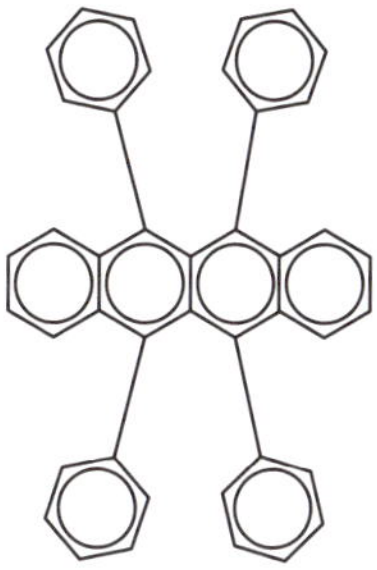

Rubrene

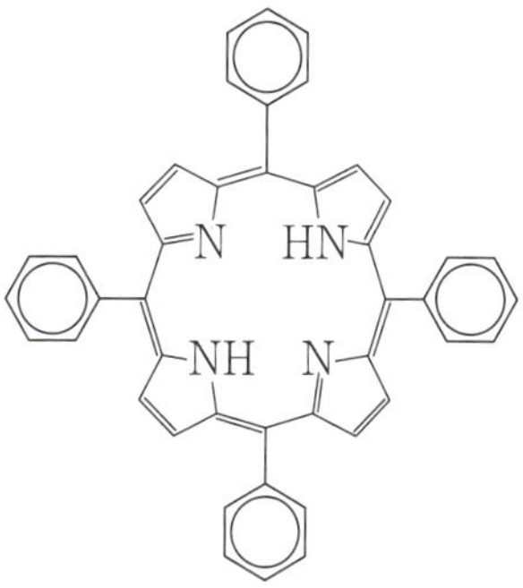

TPP

← → ↻ ⌂ **루미놀 반응**

추리 드라마를 보면 살인 현장에서 감식반이 활약하는 장면을 볼 수 있습니다. 범행 현장으로 추정되는 장소의 바닥이나 벽에 어떤 스프레이를 뿌리고, 현장을 암막으로 덮어 어둡게 한 뒤에 뭔가 정체를 알 수 없는 램프로 비추면 바닥에서 푸르스름한 빛이 납니다.

이것이 바로 **루미놀 반응**입니다. 푸르스름하게 빛나는 곳은 혈액으로 오염된 장소임을 의미합니다. 스프레이는 루미놀이라는 분자와 과산화수소(소독약으로 사용되는 옥시풀)의 혼합물입니다. 이 액체가 혈액과 반응하면 빛이 나는데, 이 반응에는 촉매가 필요합니다. 혈액에 포함된 철착체인 헴(헤모글로빈에 포함된 화학 분자)이 적절한 촉매 역할을 합니다.

즉 헤모글로빈이 있으면 빛이 나고 없으면 빛이 나지 않습니다. 이러한 원리를 활용해서 범죄 현장에 혈흔이 있는지를 판정합니다.

▼ 피의 흔적을 조사하는 감식 장면

루미놀 반응은 아래 그림과 같이 일어납니다. 1번 루미놀 시약이 염기 작용으로 N=N 이중결합을 포함한 2번으로 변합니다. 여기에 과산화수소(H_2O_2)가 작용해서 3번이 됩니다. 이 반응에는 촉매인 헤모글로빈의 작용이 필수적입니다. 헤모글로빈이 있으면 3번이 생성되지만 헤모글로빈이 없으면 3번은 생성되지 않습니다.

3번은 그 후 질소 분자(N_2)를 방출해 4번으로 바뀝니다. 문제는 여기서 방출된 N_2입니다. 굉장히 안정적인 분자인 N_2를 생성하면 그만큼 높은 에너지가 방출되며 이 에너지 때문에 4번은 여기상태인 4*번이 되는 것입니다. 여기서 기저상태로 떨어질 때 발광하는 현상이 일어나는데, 이것이 바로 루미놀 반응입니다.

요컨대 이 일련의 반응은 헤모글로빈이 있으면 끝까지 진행돼 발광하지만, 헤모글로빈이 없으면 2번을 생성한 단계에서 종료되고, 발광은 일어나지 않습니다. 그래서 헤모글로빈(혈액)의 유무를 판정할 수 있는 것입니다.

▼ 루미놀 반응

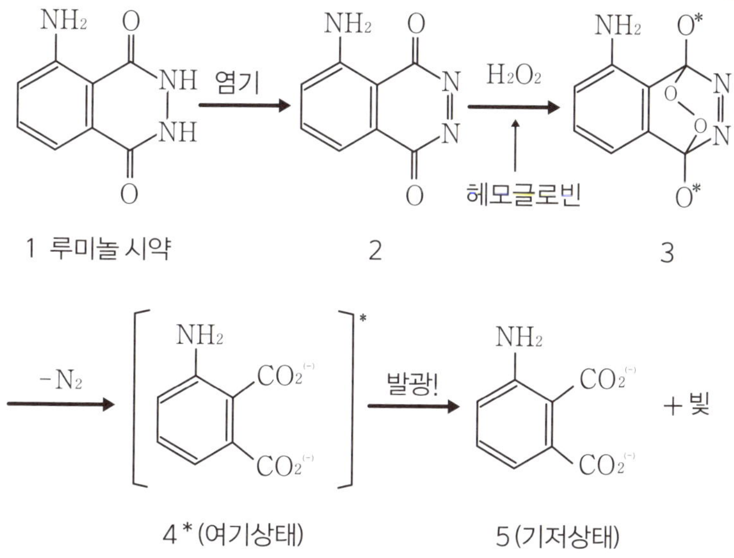

1 루미놀 시약   2   3

4 *(여기상태)   5 (기저상태)   + 빛

인광 발광 재료

분자 발광(luminescence) 중에 오늘날 활발하게 연구되고 있는 분야는 인광 발광 분자다.
이 분자를 이해하기 위해 우선 형광과 인광의 차이점부터 살펴본다.

분자 발광은 앞서 살펴봤습니다만, 사실 분자 발광은 **형광**(fluorescence)과 **인광**
(phosphorescence)의 두 종류로 구분할 수 있습니다. 지금까지 설명한 발광은 모두 형
광이지만, 현재 활발히 연구되는 것은 인광 발광 분자입니다. 그럼 형광과 인광은
어떤 차이점이 있을까요?

일중항과 삼중항

형광과 인광은 나타나는 현상도 다르지만, 그 이상으로 발광 메커니즘이 결정적
으로 다릅니다. 69쪽 그림으로 차이점을 정리했습니다.

전자는 자전(spin)을 하는데, 오른쪽으로 회전하는 것과 왼쪽으로 회전하는 것이
있습니다. 화학에서는 각각의 회전 방향을 화살표의 상하 방향으로 나타내기로 약
속했습니다. 그리고 한 궤도에 두 개의 전자가 들어갈 때는 서로의 스핀 방향이 반
대여야 한다는 대원칙이 존재합니다.

기저상태의 분자는 HOMO에 두 개의 전자가 들어 있기 때문에 이 전자는 서로
반대로 스핀(자전 방향)하는 상태입니다. 이러한 상태를 **일중항**(S, singlet, 기저상태는 S_0
으로 나타냄)이라고 합니다.

기저상태의 분자가 에너지를 흡수하면 HOMO의 전자 한 개가 LUMO로 이동(전
이)하고 고에너지의 여기상태가 됩니다. 이 상태에서도 HOMO의 전자와 LUMO의
전자는 반대로 스핀하고 있어 일중항입니다. 이러한 여기상태를 **일중항 여기상태**
(S_1)라고 합니다.

하지만 어떤 특정 조건에서 LUMO의 전자는 스핀 방향을 반전(스핀 반전)해 HOMO의 전자와 같은 방향이 됩니다. 이러한 상태를 **삼중항**이라고 합니다.(T1) 하지만 이러한 스핀 반전은 금지 전이로 쉽게 일어나는 현상이 아니며, 일어난다고 해도 시간이 오래 걸립니다. 또한 삼중항은 일중항보다 더 안정적입니다.

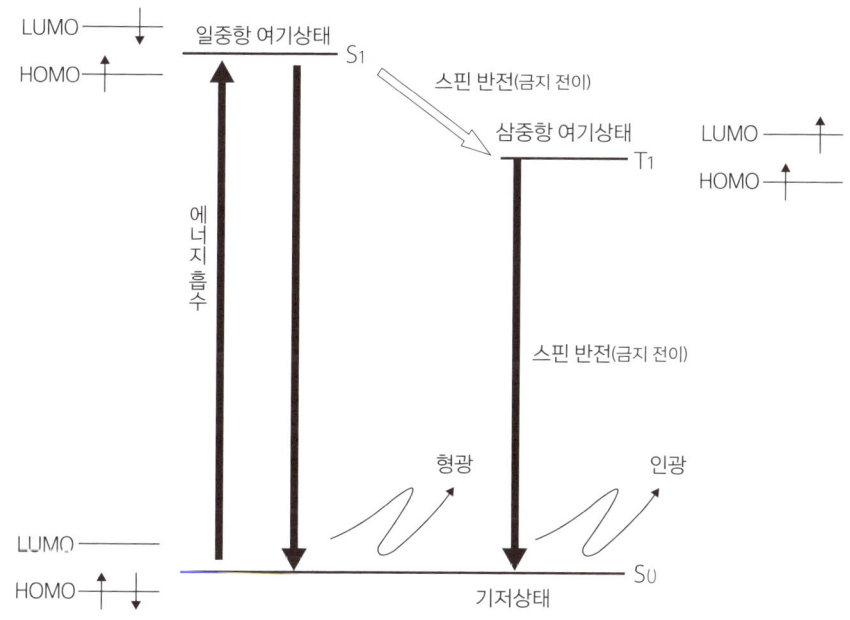

일중항과 삼중항의 상호관계

형광과 인광

일중항 여기상태에서 발광하는 빛을 형광이라고 하고, 삼중항 여기상태에서 발광하는 빛을 인광이라고 합니다. 따라서 형광과 인광의 차이는 일중항과 삼중항의 차이이며 다음과 같습니다.

① 삼중항은 일중항보다 저에너지입니다. 따라서 삼중항에서 나오는 인광은 일중항에서 나오는 형광보다 에너지가 작습니다. 이는 인광의 파장이 형광보다 길다는 의미입니다.

② 삼중항의 여기상태에서 발광해 일중항의 기저상태로 돌아가려면 스핀을 반전해야 합니다. 따라서 인광 발광은 쉽지 않고, 발광해도 시간이 오래 걸립니다. 즉 형광은 에너지 흡수에서 발광까지 10^{-5}초 정도 걸리는 반면, 인광은 10초 정도 걸리기도 합니다.

인광 발광 재료

유기EL에서 발광 분자가 여기되는 과정은 에너지 흡수가 아니라 전자 교환입니다. 따라서 유기EL 발광층 분자가 여기될 때는 일중항 : 삼중항 = 1 : 3, 즉 75%는 삼중항으로 여기됩니다.

그런데 발광층 분자는 일중항에서만 발광(형광)합니다. 그래서 발광의 최대 효율은 25%에 불과하며, 75%의 여기 분자는 '버려진 것'과 다름없습니다. 만약 삼중항에서 발광(인광 발광)한다면 나머지 75%(인광)가 발광할 뿐만 아니라, 인광을 내는 분자는 형광도 내는 경우가 많기 때문에 100%의 발광 효율이 가능합니다. 이런 의미에서 현재는 **인광 발광 분자**를 활발히 개발하고 있습니다.

71쪽 그림은 그러한 인광 발광 분자의 예를 정리한 것입니다. 금속 착체가 대부분이며 이리듐(Ir), 백금(Pt), 오스뮴(Os), 루테늄(Ru) 등 희토류가 많이 사용됩니다. 다만 희토류는 희귀하고 고가의 금속이므로 희토류 이외의 금속을 이용하려는 연구를 적극적으로 진행하고 있습니다.

COLUMN ✕

← → ⟳ ⌂   **유기물이 금속을 대체할 수 있을까?**

오늘날 유기물은 예전에 우리가 알고 있는 유기물과는 거리가 멉니다. 단단하고 튼튼하며 내열성만이 전부가 아닙니다. 전기가 통하고, 초전도성을 지니고, 자석에 달라붙고, 철을 끌어당기는 등 지금까지 금속만의 성질로 알고 있던 특징을 띠는 유기물이 속속 탄생하고 있습니다.

금속의 활동 영역에 유기물이 침범하고 있는 셈입니다. 결국 오늘날 희토류의 활약 분야는 유기물에 의해 대체될지도 모릅니다.

인광 발광 분자

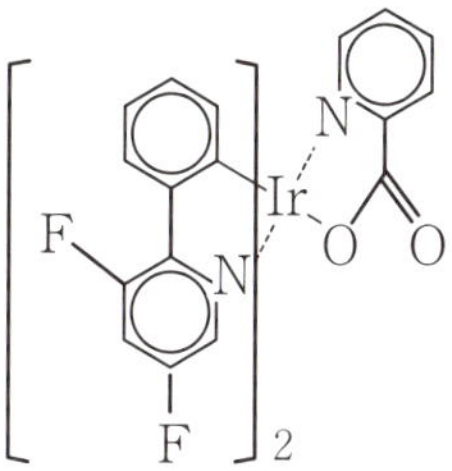

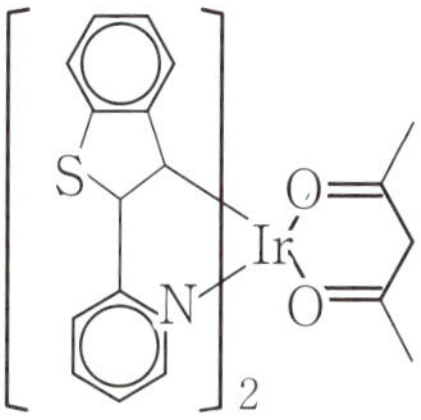

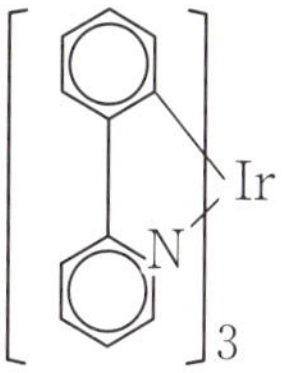

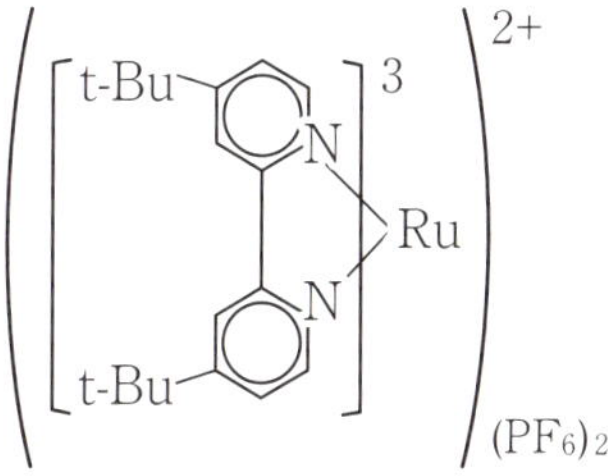

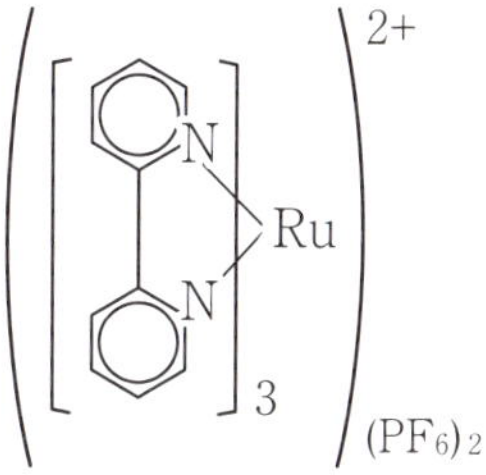

최근에 희소 금속(rare metal), 희토류(rare earth elements)라는 단어를 자주 접할 수 있습니다. 먼저 rare는 '희소하다'라는 의미이고 metal은 '금속'입니다. earth는 무슨 뜻일까요? 일반적으로 '지구'를 의미하므로 '희소한 지구'라고 해석할 수 있습니다. 하지만 earth에는 '흙, 모래'

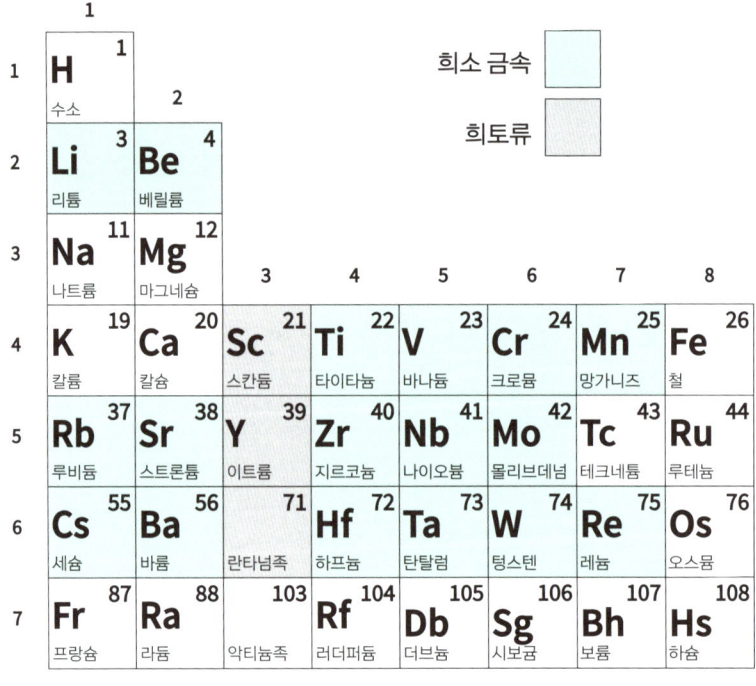

희소 금속

희토류

1							
H 1 수소							
Li 3 리튬	**Be** 4 베릴륨						
Na 11 나트륨	**Mg** 12 마그네슘	3	4	5	6	7	8
K 19 칼륨	**Ca** 20 칼슘	**Sc** 21 스칸듐	**Ti** 22 타이타늄	**V** 23 바나듐	**Cr** 24 크로뮴	**Mn** 25 망가니즈	**Fe** 26 철
Rb 37 루비듐	**Sr** 38 스트론튬	**Y** 39 이트륨	**Zr** 40 지르코늄	**Nb** 41 나이오븀	**Mo** 42 몰리브데넘	**Tc** 43 테크네튬	**Ru** 44 루테늄
Cs 55 세슘	**Ba** 56 바륨	71 란타넘족	**Hf** 72 하프늄	**Ta** 73 탄탈럼	**W** 74 텅스텐	**Re** 75 레늄	**Os** 76 오스뮴
Fr 87 프랑슘	**Ra** 88 라듐	103 악티늄족	**Rf** 104 러더퍼듐	**Db** 105 더브늄	**Sg** 106 시보귬	**Bh** 107 보륨	**Hs** 108 하슘

란타넘족	**La** 57 란타넘	**Ce** 58 세륨	**Pr** 59 프라세오디뮴	**Nd** 60 네오디뮴
악티늄족	**Ac** 89 악티늄	**Th** 90 토륨	**Pa** 91 프로트악티늄	**U** 92 우라늄

라는 의미도 있으므로 '희소한 흙'이라고 해석하면 어떨까요? 희소 금속과 희토류는 단순히 단어의 사전적인 의미만으로는 충분히 설명할 수 없을 듯합니다.

▼ 희소 금속과 희토류

									18
									He 2 헬륨
				13	14	15	16	17	
				B 5 붕소	**C** 6 탄소	**N** 7 질소	**O** 8 산소	**F** 9 불소	**Ne** 10 네온
	9	10	11	12	**Al** 13 알루미늄	**Si** 14 규소	**P** 15 인	**S** 16 황	**Cl** 17 염소	**Ar** 18 아르곤

Co 27 코발트	**Ni** 28 니켈	**Cu** 29 구리	**Zn** 30 아연	**Ga** 31 갈륨	**Ge** 32 저마늄	**As** 33 비소	**Se** 34 셀레늄	**Br** 35 브로민	**Kr** 36 크립톤
Rh 45 로듐	**Pd** 46 팔라듐	**Ag** 47 은	**Cd** 48 카드뮴	**In** 49 인듐	**Sn** 50 주석	**Sb** 51 안티모니	**Te** 52 텔루륨	**I** 53 아이오딘	**Xe** 54 제논
Ir 77 이리듐	**Pt** 78 백금	**Au** 79 금	**Hg** 80 수은	**Tl** 81 탈륨	**Pb** 82 납	**Bi** 83 비스무트	**Po** 84 폴로늄	**At** 85 아스타틴	**Rn** 86 라돈
Mt 109 마이트너륨	**Ds** 110 다름슈타튬	**Rg** 111 뢴트게늄	**Cn** 112 코페르니슘	**Nh** 113 니호늄	**Fl** 114 플레로븀	**Mc** 115 모스코븀	**Lv** 116 리버모륨	**Ts** 117 테네신	**Og** 118 오가네손

Pm 61 프로메튬	**Sm** 62 사마륨	**Eu** 63 유로퓸	**Gd** 64 가돌리늄	**Tb** 65 터븀	**Dy** 66 디스프로슘	**Ho** 67 홀뮴	**Er** 68 어븀	**Tm** 69 툴륨	**Yb** 70 이터븀
Np 93 넵투늄	**Pu** 94 플루토늄	**Am** 95 아메리슘	**Cm** 96 퀴륨	**Bk** 97 버클륨	**Cf** 98 캘리포늄	**Es** 99 아인슈타이늄	**Fm** 100 페르뮴	**Md** 101 멘델레븀	**No** 102 노벨륨

●희소 금속

희소 금속은 말 그대로 희소한 금속을 의미합니다. 주기율표에 나와 있듯이 총 47종이며, 자연계에 존재하는 원소 종류는 대략 90종이므로 절반 이상이 희소 금속인 셈입니다. 그런데 여기서 '희소'의 의미는 사전과는 조금 다릅니다. 희소 금속에서 '희소하다'는 다음의 의미로 정의되기 때문입니다.

① 지구상에서 희소하다.
② 국내에서 희소하다.
③ 분리 정제가 어렵다.

②의 '국내에서'란 무엇을 의미할까요? 이는 과학적인 조건이 아닙니다. 정치·경제적인 조건입니다.

위의 세 조건 중 어느 하나라도 충족해야 '희소 금속'으로 인정됩니다. 세계적으로 아무리 풍부하게 존재해도 국내에 없으면 희소 금속인 셈입니다. 따라서 희소 금속은 자원이 부족한 나라에만 해당하는 말입니다. 한쪽에서는 '희소 금속'이지만 다른 쪽에서는 여기저기 나뒹구는 '흔한 금속'일지도 모릅니다.

사실이 그렇습니다. 옛날에는 백열등의 필라멘트로 쓰이는 정도였지만, 현재는 초경도강, 초내열강의 원료로 사용되는 텅스텐(W)은 전 세계 생산량의 약 90%를 중국이 차지하고 있습니다. 리튬 전지의 원료인 리튬(Li)은 칠레, 호주, 아르헨티나 3국에서 전 세계 생산량의 70%가량을 차지하고 있습니다. 자원이 일부에 집중된 느낌입니다.

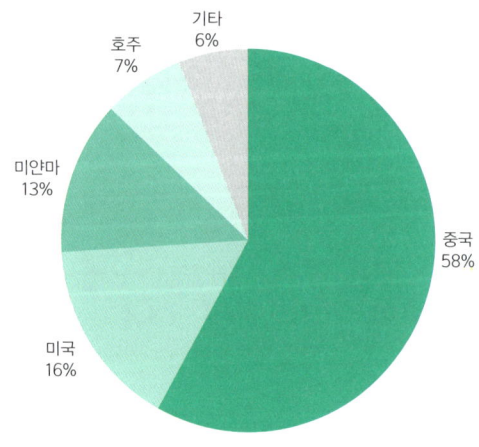

▶ 희토류 생산량

●희토류

그럼 희토류는 어떨까요? 먼저 알아야 할 사항이 있습니다. 바로 '희소 금속'과 '희토류'는 '다르다'는 것입니다. 희토류는 '희소 금속의 일종'입니다.

희소 금속 중에 특수한 종류가 희토류일 뿐입니다. 특수하다고는 하지만, 희토류 종류는 17종이나 됩니다. 즉 희소 금속 47종 중 17종은 희토류입니다. 나름 존재감이 크다고 할 수 있습니다.

▲ 미나미토리시마(南鳥島)의 항공사진 (출처: Wikipedia)

▲ 미나미토리시마 주변의 배타적 경제수역(EEZ) 심해에서 발견된 '망간 단괴'의 밀집 지역. 망간 단괴에는 코발트 같은 희소한 금속이 많이 들어 있다. 2016년 4월 촬영. 채굴에는 많은 난제가 기다리고 있지만 미래에는 중국 의존도를 줄일 수 있을 것으로 기대된다. (사진: 치지통신, 세콩·해양연구개발기구)

희토류는 화학적으로 구분되는 원소들로, 주기율표와 같이 3족 원소 중에 악티늄족 원소 (15종)를 제외한 원소를 말합니다. 희토류는 정제하면 금속 상태로 변하지만 자연계에 존재할 때는 흙이나 모래와 같은 형태를 띱니다. 그래서 '희소한 흙'이라는, 정말이지 뻔한 이름을 얻었습니다.

● 희소 금속과 희토류의 기능

단적으로 말하면 희소 금속은 숨은 공로자입니다. 희소 금속의 대부분은 철을 섞어 합금으로 사용하는데, 경도·내열성·내청성을 획기적으로 향상합니다. 현재 철만으로 된 강재는 사실상 제한적인 역할밖에 할 수 없습니다. 화려한 역할을 하는 철강의 대부분은 희소 금속이 섞인 합금입니다.

반면에 희토류는 금속계의 엘리트와 같은 존재입니다. 자성·발광·발색·레이저 등에 쓰이며 현대 과학의 최첨단을 선도하는 물질은 모두 희토류입니다. 현대 과학 산업은 희토류 없이는 성립할 수 없습니다. 이런 상황에서 의존도를 낮추려면 희토류를 대체할 물질을 하루라도 빨리 개발할 수밖에 없습니다.

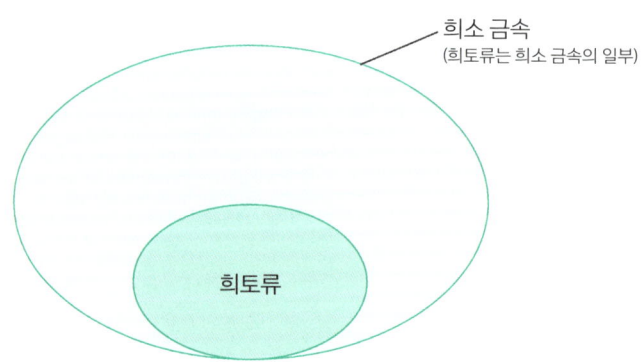

희소 금속
(희토류는 희소 금속의 일부)

희토류

▲ 희소 금속과 희토류의 관계

제3장

유기EL 디스플레이 제작법

이번 장에서는 유기EL 디스플레이를 만드는 방법을 살펴본다. 컬러를 구현하는 방법 및 화면을 표시하는 방법의 원리를 설명하고, 동시에 액정 타입과 플라스마 타입 등의 형식과 비교하면, 어떤 장단점이 있는지를 소개한다. 유기EL만의 특징을 이번 장에서 제대로 파악해 보자.

유기EL 소자 제작법

여기서는 유기EL의 소자를 어떻게 만드는지 살펴본다. 몇 가지 방법이 존재하는데 그 차이를 차근차근 알아본다.

앞 장에서 유기EL을 구성하는 수송층 분자, 발광층 분자가 어떤 특성을 갖춰야 하며, 그 특성을 충족하는 어떤 분자가 개발되고 있는지를 살펴봤습니다. 여기서는 그와 같은 분자를 실제 유기EL 소자, 나아가 유기EL 디스플레이로 구성하려면 구체적으로 어떻게 해야 하는지를 살펴보겠습니다.

건식법

앞 장에서 살펴본 바와 같이 유기EL 소자를 만들려면 음극과 양극의 두 전극 사이에 전자 수송층 분자, 발광층 분자, 정공 수송층 분자 등 세 종류의 유기물을 샌드위치 모양으로 만들어야 합니다. 이를 위해 몇 가지 기술이 개발됐는데, 이들 유기물이 분자량이 작은 저분자인지 아니면 단위 분자가 많이 연결된 고분자인지에 따라 방법이 다릅니다.

저분자 계열의 발광 분자를 사용하는 경우에는 전자 수송층 분자, 발광층 분자, 정공 수송층 분자를 각각 분리된 박막으로 적층해야 합니다. 하지만 이때 분자를 열로 녹여서 액체 상태로 만들거나 혹은 용제에 녹여 용액 상태로 사용하면, 각 층의 경계에서 분자가 섞일 수 있어 선명한 화질을 기대할 수 없습니다.

저분자를 사용할 경우에는 분자를 녹이지 않고 '건조'된 상태로 도포해야만 합니다. 이를 위해 개발한 방법이 바로 **건식법**입니다.

■ 진공 증착법

건식법의 전형적인 방법이 **진공 증착법**입니다. 플라스틱 필름에 금속 박막을 증착해 기밀성이 높은 라미네이트 필름을 만들 때 이용합니다.

고진공 상태의 박스 안에서 유기 분자를 가열해 기화시키고, 그것을 냉각한 유리에 부착해 박막 형태로 만듭니다. 고진공이기 때문에 고온이 아니더라도 유기 분자가 기화되므로 실용성이 높은 방법입니다.

진공 증착법

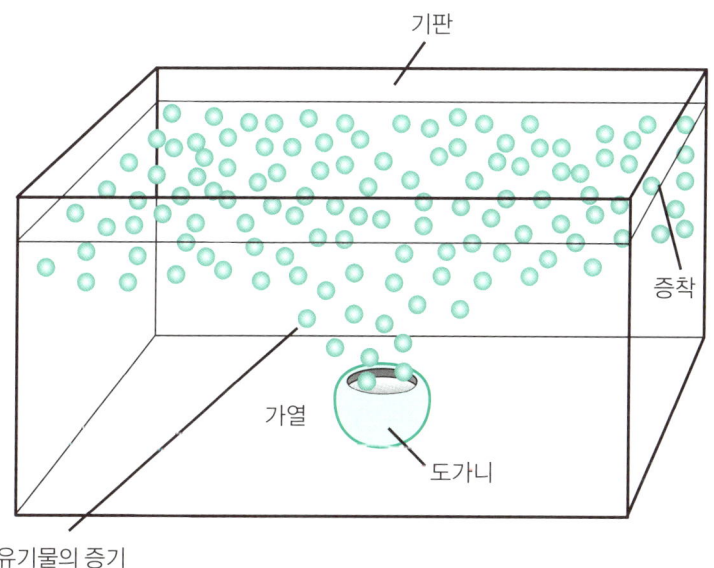

기판

증착

가열

도가니

유기물의 증기

■ 스퍼터링 증착법

진공 증착법 중에는 **스퍼터링 증착법**도 있습니다. 아르곤(Ar) 같은 비활성 기체나 질소 원자(N)에 고전압을 가해 이온화시키고, 그것을 유기 분자의 표면에 충돌시켜 유기 분자가 강제로 튀어나오게 하는 방법입니다. 이 유기 분자를 유리 기판에 부착해 박막으로 만듭니다. 이 방법은 증착원인 유기 분자를 고온으로 가열할 필요가 없다는 장점이 있습니다.

하지만 유기 분자는 많은 원자가 결합된 복잡한 구조체입니다. 이런 예민한 구조체에 전자 충격을 가하면 결합이 파괴, 즉 분자가 분해될 수 있습니다.

스퍼터링 증착법은 투명 전극과 같이 금속을 증착하는 데 효과적인 방법이지만, 유기 분자에는 적합하지 않습니다. 따라서 유기 분자의 증착에는 가열해 기화시키는 방식인 **가열 증착법**이 주로 사용됩니다.

■ 리니어 소스 증착법

리니어 소스 증착법은 진공 증착의 실용적인 응용법입니다. 증착할 유기 분자를 가늘고 긴(리니어) 가열 용기에 넣고, 그 위로 기판을 통과시키는 방법입니다. 한 번에 기판 전체에 균일한 두께로 유기물을 증착할 수 있는 이점이 있습니다.

또한 여러 개의 리니어 소스를 병렬로 배열하면, 기판 위에 서로 다른 종류의 유기물을 순차적으로 증착할 수 있습니다. 예를 들어 전자 수송층 분자, 발광층 분자, 정공 수송층 분자를 넣은 세 개의 가열 용기를 나열하면, 한 번의 조작으로 세 가지 분자를 차례대로 겹쳐 박막 형태로 증착할 수 있습니다.

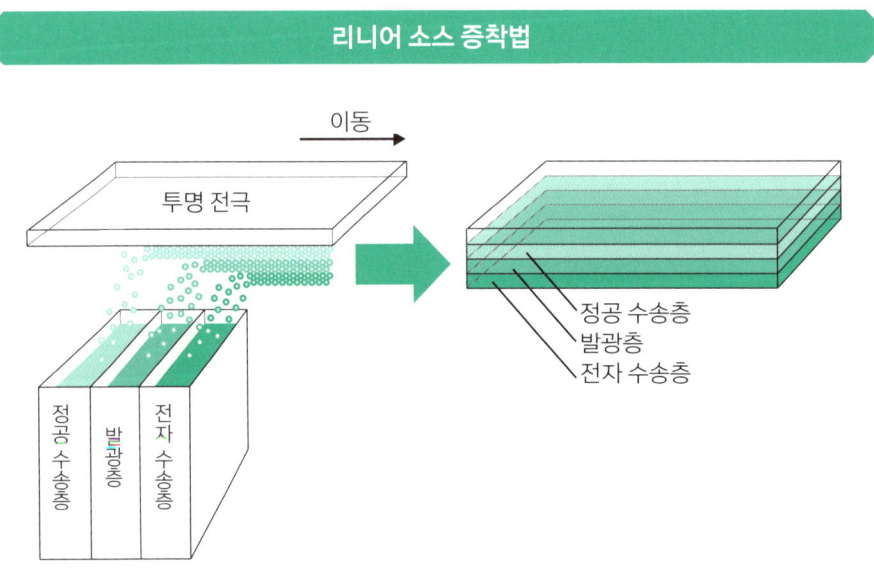

리니어 소스 증착법

고분자를 이용한 소자 제작법

최근에 유기EL 소자에 이용하는 분자로 플라스틱 계열의 소재를 개발하고 있다. 여기서는 이 분자를 사용해서 소자를 제작하는 방법을 살펴본다.

최근 유기EL 소자에 사용하는 분자로 **고분자**(플라스틱류) 계열의 소재를 개발하려고 노력 중입니다.

고분자 계열의 발광 재료는 수송계, 발광계가 함께 있는 경우가 많습니다. 즉 서로 다른 재료를 여러 겹 적층하는 방식이 아니라, 단 한 종류의 고분자층만 형성하면 되기 때문에 매우 편리하고 뛰어난 재료입니다. 이러한 경우에는 소재 분자를 액체, 또는 용액으로 사용할 수 있습니다. 이를 습식법이라고 합니다.

스핀 코팅법

습식법 중에는 스핀 코팅법이 있습니다. 이는 비에 젖은 우산을 회전시켜 빗물을

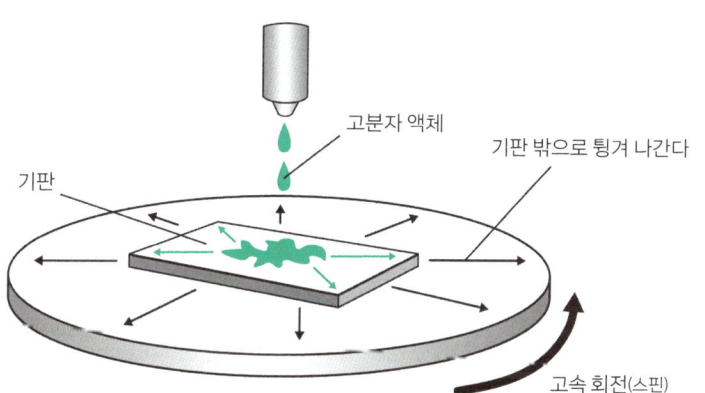

스핀 코팅법

기판
고분자 액체
기판 밖으로 튕겨 나간다
고속 회전(스핀)

날리는 모습과 비슷합니다. 옛날 레코드판처럼 기판을 고속 회전(스핀)시키고 그 위에 고분자 액체를 떨어뜨려 원심력으로 액체를 얇게 펴는 방식입니다.

간편하고 효율적인 방법이지만 고분자 재료의 대부분이 기판 밖으로 튕겨 나가는 문제가 발생합니다. 어렵게 개발한 고가의 재료를 이렇게 낭비해서는 곤란합니다. 이 방법은 간단하고 편리하지만, 연구용이라면 몰라도 영리 목적의 양산 수단으로는 경제성이 낮습니다.

잉크젯법

PC 프린터 인쇄 기술에 사용되는 잉크젯 방식으로 고분자 액체를 필요 부위에 분사해 도포하는 기술입니다. 상당히 정밀한 위치 제어가 가능하고, 고분자 발광층

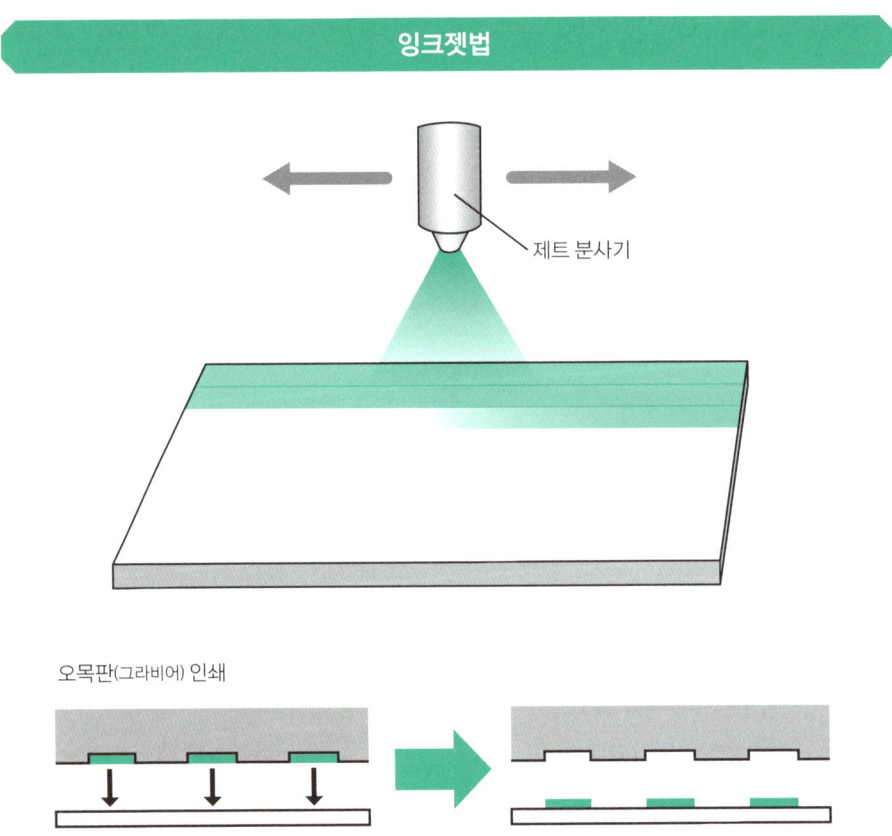

제트 분사기

오목판(그라비어) 인쇄

분자를 만들면 곧바로 적용할 수 있어서 발전된 기술이라고 할 수 있습니다.

고분자 액체는 인쇄 잉크와 특성이 같거나 잉크 그 자체라고 해도 좋을 만한 소재입니다. 따라서 고분자 액체 도포에 인쇄 기술을 그대로 도입할 수 있습니다. 오늘날 인쇄 기술은 거의 완성된 상태이기 때문에 각종 인쇄법을 활용할 수 있습니다. 그중에서도 특히 주목받는 기술은 **오목판 인쇄법**, 즉 **그라비어 인쇄법**입니다. 이는 인쇄판에 오목한 홈을 파고 거기에 잉크를 넣어 인쇄하는 방법으로 미술 인쇄에 이용하는 기술입니다.

COLUMN ✕

← → ⟳ ⌂

음극 제작법

유기EL 소자는 음극도 증착법으로 제작합니다. 유기물 박막 위에 금속을 증착하는 방식입니다. 화면을 구성하는 소자를 구동하려면 3-4에서 살펴볼 매트릭스 방식을 사용합니다. 이 방식은 양극(ITO 전극)과 음극(증착 금속 박막)을 서로 직각으로 교차하는 리본 모양으로 만들어야 하는데, 문제는 음극의 금속 박막을 리본 모양으로 가공해야 한다는 것입니다. 이때 사용할 수 있는 방법은 다음 두 가지입니다.

A: 유기물 박막 위에 금속을 증착한 후에 금속 박막만 선 모양으로 긁어낸다.
B: 섀도 마스크로 불필요한 부분을 가려서 증착한다.

다만 A는 금속 박막을 긁어낼 때 유기물 박막을 손상하므로, 사실상 대부분 섀도 마스크 방식을 사용합니다.

전면에 막을 형성한 다음에
선 모양으로 긁어낸다.

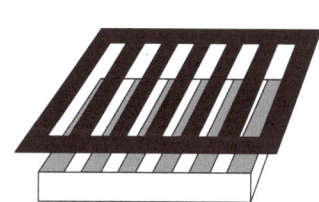

섀도 마스크를 이용한다.

컬러 표시의 원리

여기서는 유기EL을 사용해 디스플레이를 컬러화하는 다양한 방식에 대해 살펴본다.

앞에서 유기EL 소자 제작법을 구체적으로 살펴봤습니다. 하지만 디스플레이의 화면은 발광층 분자가 방출하는 한 가지 색으로만 구현됩니다. 즉 모노크롬입니다. 모노크롬은 다양한 컬러를 구현할 수 없으므로 오늘날 디스플레이에 적합하지 않습니다. 그렇다면 컬러 디스플레이는 어떻게 구현할 수 있을까요?

컬러 필터 방식

컬러 필터 방식은 다양한 색을 디스플레이에 구현하는 가장 간단한 방법으로, 연극 무대의 컬러 조명 방식과 동일합니다. 항상 백색광 광원을 켜두고 그 앞에 빨간색, 파란색, 초록색의 '삼원색' 필터를 씌워서 빛에 컬러를 입힙니다.

컬러 필터 방식

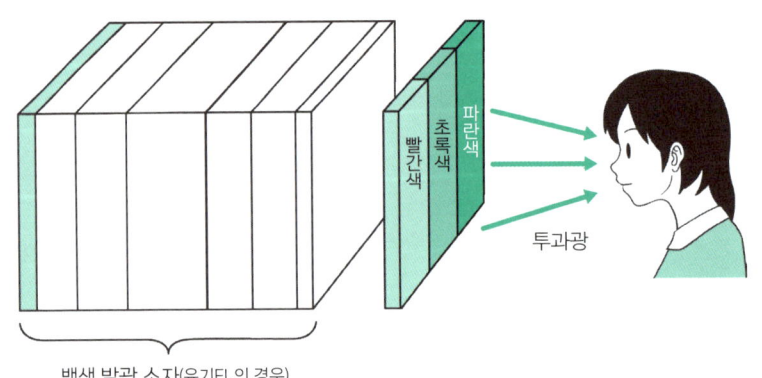

빨간색 초록색 파란색

투과광

백색 발광 소자(유기EL의 경우)

이 방법은 액정 디스플레이나 플라스마 디스플레이 등에도 이용하는 방법입니다. 디스플레이의 화면은 100만 개 또는 1,000만 개의 소자로 세밀하게 분할돼 있는데, 그것을 다시 세 개로 분할합니다. 그리고 세 개로 분할된 각각의 초극미세 화면에 빨간색, 파란색, 초록색의 필터를 씌웁니다.

그런 다음에 각각의 초극미세 화면의 휘도를 전기적으로 조절하면 원하는 컬러를 표현할 수 있습니다. 원리적으로는 굉장히 알기 쉽지만, 실제로 화면을 일일이 제작해서 모든 화면을 완전히 독립적으로 조절한다고 생각하면 '악마의 능력을 빌려야 하나?'라고 생각할지도 모릅니다. 하지만 이는 전기에 대해 잘 모르는 사람이 할 법한 말에 지나지 않으며, 전기 관련 전문가가 보기에 전기를 이용한 이런 조작은 너무나도 당연한 일입니다.

삼색 발광 방식

유기EL의 최대 장점 중 하나는 색깔 있는 빛을 발광할 수 있다는 점입니다. 즉 필터 같은 거추장스러운 부속 없이도 다양한 컬러를 조작할 수 있습니다. 이 방식을 **삼색 발광 방식**이라고 합니다. 삼색 발광 방식은 말 그대로 빛의 삼원색인 빨간색, 파란색, 초록색의 빛을 방출해서 그 강도를 독립적으로 제어해 천연색을 재현하는 방법입니다.

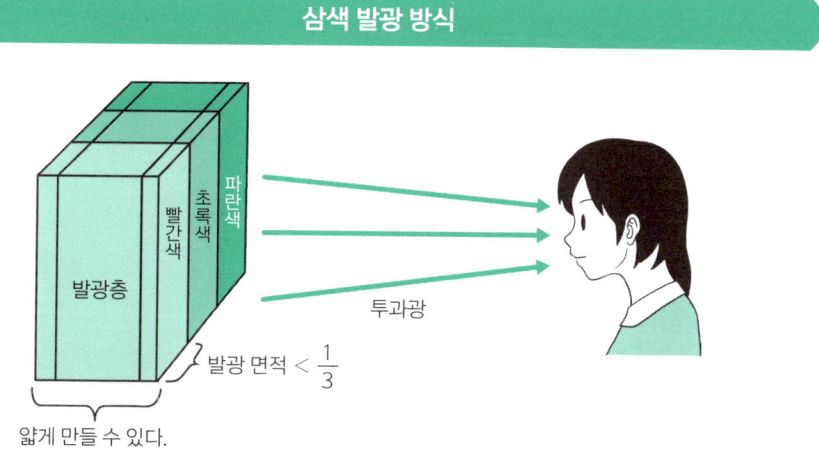

삼색 발광 방식

유기EL의 강점은 하얀색을 제외하면 거의 모든 색의 발광체 분자를 합성할 수 있다는 것입니다. 소자 하나를 삼원색에 가까운 삼색 발광체 분자로 나누고 각각을 독립적으로 발광시킵니다. 원리적으로도 기술적으로도 가장 단순한 방법이지만, 실제로 적용해 보면 문제가 없는 것도 아닙니다.

화학적인 문제는 삼원색을 담당하는 발광체 분자의 수명입니다. 삼색 발광체의 발색 강도에 문제없으면 균형 잡힌 컬러가 표현되지만, 발광체 분자 중 어느 하나라도 열화하면 곧바로 컬러의 균형이 깨져버립니다.

삼색 적층 구조

앞에서 소개한 방식은 컬러 표시를 위한 삼색 발광층 분자의 배열이 85쪽 그림과 같이 가로입니다. 그래서 가령 화면이 빨갛게 표시된다면 실제로 빛을 내는 부분은 화면의 3분의 1에도 미치지 않는다(셀의 경계 부분은 빛나지 않음)는 의미입니다.

이런 문제점을 개선해 해상도를 향상하려면 어떻게 해야 할까요? 화면의 실제 발광 면을 넓힐 방법은 없을까요? 방법은 간단합니다. 삼색 발광체를 앞뒤로 겹쳐서 배열하면 됩니다. 이것이 **삼색 적층 구조**입니다.

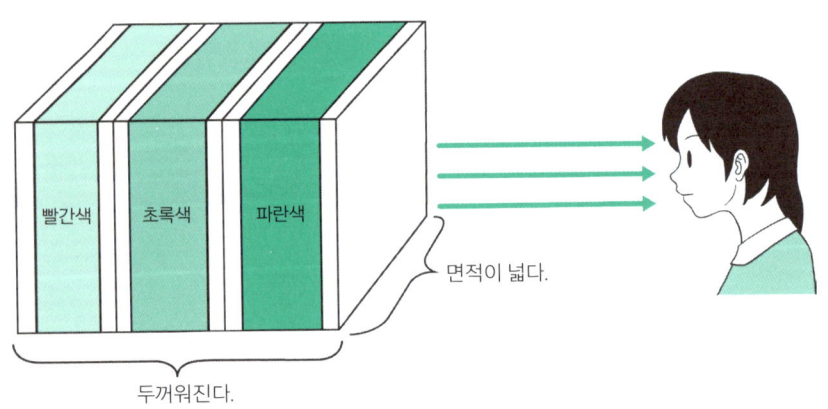

삼색 적층 구조

빨간색　초록색　파란색

면적이 넓다.

두꺼워진다.

문제는 제어 시스템입니다. 삼색층을 각각 독립적으로 제어해야 하므로 각 컬러 층에 전극을 연결해야 합니다. 삼색 발광층 분자 사이에 투명 전극을 삽입해야 한다는 뜻입니다. 이 구조는 다음과 같은 문제를 일으킬 수 있습니다.

① 빛이 여러 층의 발광체 및 투명 전극층을 통과해야 하므로 발광체의 휘도를 높여야 한다. 휘도를 높이려면 전기량을 늘리면 되지만, 발광체 분자의 수명은 짧아진다. 즉 컬러 밸런스가 빨리 붕괴될 수 있다.
② 구성하는 층의 개수가 많아지므로 그만큼 화면이 두꺼워지고 무거워진다.
③ 투명 전극의 개수가 많아지므로 비용이 증가하고, 제작 공정도 늘어나 제품 가격이 상승한다.

COLUMN ✕

← → ↻ ⌂　색 변환 방식

유기EL 소자에서 컬러화를 실현하는 방법으로 색 변환 방식이라는 기술이 있습니다. 이것은 형광물질을 이용한 방법입니다. 파란색을 내는 소자를 3분할해 한 구획에는 형광물질을 바르지 않지만, 다른 두 구획에는 각각 빨간색과 초록색을 내는 형광물질을 바릅니다. 이렇게 하면 파란색, 빨간색, 초록색을 낼 수 있습니다.

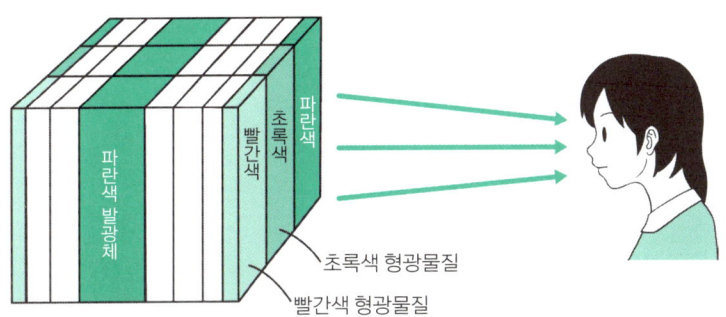

화면 표시의 원리

유기EL 소자는 전기로 발광한다. 여기서는 원하는 소자에만 전기를 흘려보내는 두 가지 방법, 즉 화면 표시의 원리에 대해 살펴본다.

유기EL 소자는 전기가 흐르지 않으면 검게 보이고, 전기가 흐르면 희거나 혹은 선명하고 밝게 발광합니다. 따라서 소자 수만 개를 평면 위에 배열하고 적당한 소자에 선택적으로 전기를 흘려보내면 모자이크 모양으로 화면이 표시되는 것을 알 수 있습니다. 그런데 어떻게 하면 원하는 소자에만 전기를 흘려보낼 수 있을까요? 여기에는 패시브 매트릭스 표시와 액티브 매트릭스 표시라는 두 가지 기술이 있습니다.

패시브 매트릭스 표시

앞서 살펴본 바와 같이 유기EL 소자는 발광과 관련한 유기 분자가 전극 사이에 샌드위치 형태로 배치돼 있습니다. 그리고 투명 전극과 수송층 분자를 통해 발광층 분자가 내는 빛을 사용자가 관찰합니다.

패시브 매트릭스 표시의 구조

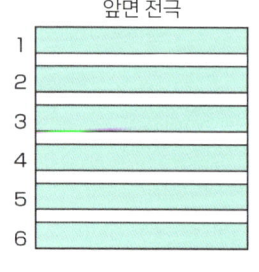
앞면 전극

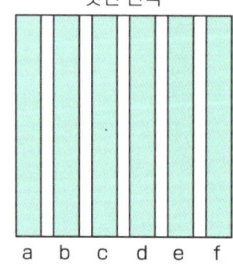
뒷면 전극

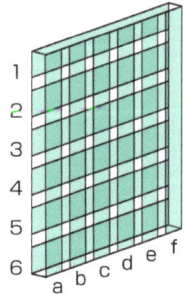

소자들로 구성된 디스플레이 패널은 패널 앞면과 뒷면에 배선하는데, 앞면과 뒷면이 서로 교차하도록 배선합니다. 예를 들어 88쪽 그림과 같이 앞면에 가로로 배선했다고 합시다. 이 경우에 1번 배선은 맨 위쪽에 배열된 소자 전부에 전기를 인가할 수 있습니다.

반면에 뒷면은 세로로 배선합니다. 이 경우 a의 배선은 왼쪽 끝의 소자들 전부에 전기를 인가할 수 있습니다.

아래 그림 ①의 2b에 전기를 넣으면 실제로 전기가 흐르는 소자는 왼쪽 위의 소자 한 개뿐이며 여기만 밝아집니다. 또 ②의 2c에 전기를 넣으면 그림에 나타낸 부분만 밝아집니다.

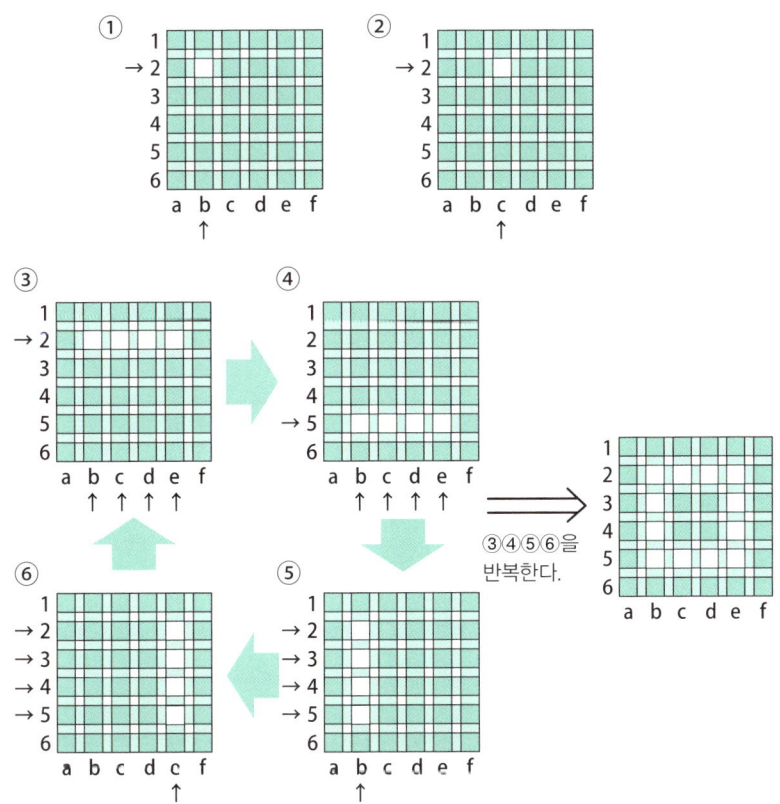

패시브 매트릭스 표시 잔상 이용법

③④⑤⑥을 반복한다.

그리고 ③의 2bcde에 전기를 넣으면 소자 네 개가 연속으로 밝아지면서 직선이 표시됩니다. 그다음에 ④의 5bcde에 전기를 넣어 즉시 5bcde로 전환하면 화면상에 첫 번째 직선은 사라지고, 새로운 직선이 나타납니다.

잔상 이용

하지만 2bcde~5bcde로 빠르게 스위치를 전환하면 눈에 잔상이 남아 마치 화면 상에 두 개의 선이 동시에 나타나는 것처럼 보입니다. 또한 ⑤2345b와 ⑥2345e를 더하면 총 네 개의 선이 잔상으로 남아, 결국 사각형으로 보입니다.

이처럼 교차 배선과 잔상 현상을 이용해 눈에 착각을 일으켜 이미지를 표현하는 방식이 매트릭스 표시의 기본 원리입니다. 이 표시법은 유기EL 디스플레이뿐만 아 니라 모든 디스플레이에 사용되는 기본적인 전류 인가 기술입니다.

액티브 매트릭스 방식

패시브 매트릭스 방식에서 소자 하나가 빛나는 시간은 매우 짧습니다. 스위치가 전환된 직후, 다음 소자로 바뀌기까지 극히 짧은 동안만 발광합니다. 즉 화면 전체 의 휘도를 고려하면 일부 소자만이 순간적으로 빛날 뿐, 결코 화면 전체가 동시에 빛나는 일은 없습니다.

화면을 밝게 하려면 개개의 소자에 많은 전류를 흘려 강하게 발광시켜야 합니다. 결과적으로 소비 전력이 커질 뿐만 아니라, 유기 분자의 수명 단축으로 이어져 결코 좋다고는 할 수 없습니다.

패시브 매트릭스의 이러한 단점을 극복하기 위해 개발된 것이 액티브 매트릭스 방식입니다. 이 방법은 스위치가 전환된 후에도 일정 시간 동안 소자를 계속 빛나게 하는 구조로, 패널 전체를 기준으로 단위 시간당 발광하는 소자의 개수가 패시브 방 식에 비해 수백 배(정확히는 주사선 개수의 배)입니다. 결과적으로 적은 전류로도 큰 휘 도를 얻을 수 있어 유기물의 수명 연장으로 이어집니다.

하지만 액티브 방식은 구조적인 문제가 있습니다. 액티브 방식은 요소 하나하나 의 스위치와 전류를 조작하는 TFT(박막 반도체)와 데이터를 저장하는 커패시터가 필요합니다. 이로 인해 개구부가 작아져 소자의 일부에서는 빛이 투과하지 못하는 상황이 생깁니다. 당연히 그만큼 패널 전체의 휘도가 낮아지고, 구조가 복잡해지므로 제조 비용도 늘어납니다.

패시브 방식과 액티브 방식은 어느 쪽이 우수하다고 단적으로 말할 수 없습니다. 일반적으로 패널이 작은 경우에는 패시브 매트릭스 방식으로도 깨끗한 화면을 얻을 수 있지만, 최근에는 액티브 방식이 주류이긴 합니다.

패시브 매트릭스 방식과 액티브 매트릭스 방식의 차이

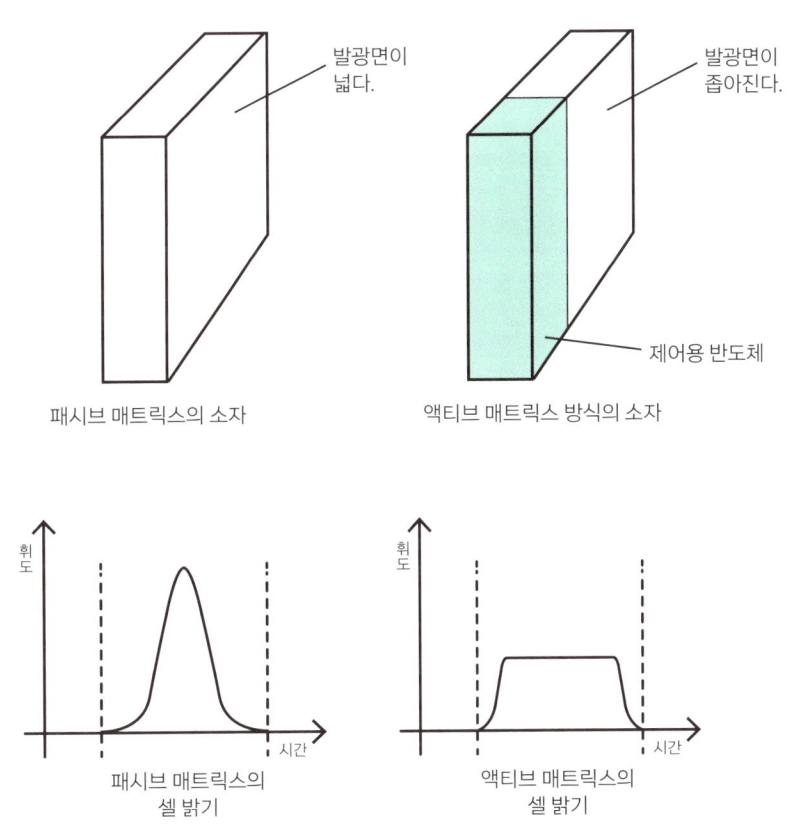

발광면이
넓다.

발광면이
좁아진다.

제어용 반도체

패시브 매트릭스의 소자

액티브 매트릭스 방식의 소자

패시브 매트릭스의
셀 밝기

액티브 매트릭스의
셀 밝기

유기EL 디스플레이의 장단점

지금까지 유기EL 소자의 발광 원리에 대해 전반적으로 살펴봤다. 그럼 액정 타입이나 플라스마 타입에 비해 어떤 장단점이 있는지 알아보자.

장점

유기EL을 연구해 온 연구자가 말하면 자화자찬처럼 들릴지도 모르지만, 유기EL의 기초 연구는 일본이 세계를 선도하고 있었다고 해도 좋을 것입니다. 하지만 실용화에서는 뒤떨어졌습니다. 그 이유로는 시장이 액정 디스플레이로 만족한다, 유기EL로는 대형 디스플레이를 만들기 어렵다, 기업 경영자가 유기EL에 무관심하다 등 여러 가지 요인을 들 수 있습니다.

하지만 마침내 이런 일본에서도 유기EL이 관심을 끌고 있습니다. 앞으로 유기EL과 액정 중 어느 쪽이 시장을 장악할지 자못 흥미롭습니다. 그런데 유기EL은 어떤 장점이 있을까요?

유기EL의 가장 큰 장점은 유기 분자가 스스로 발광한다는 것입니다. 게다가 빛의 삼원색도 구현할 수 있습니다. 이에 비에 액정은 스스로 발광할 수 없습니다. 발광 패널의 힘을 빌리지 않으면 화면 표시가 불가능합니다. 플라스마는 형광등의 집합체와 같은 구조이므로 스스로 빛의 삼원색을 낼 수 있습니다. 이 점은 유기EL과 비슷하지만 발광체 크기가 다릅니다. 분자는 두께가 매우 얇습니다. 형광등이 아무리 노력해도 분자 크기보다 결코 작을 수는 없습니다.

유기EL의 장점을 정리하면 다음과 같습니다.

① 스스로 발광하므로 화면이 선명하고 컬러 표현이 뛰어나다.
② 구조가 단순해서 경량화가 가능하다.

③ 발광체가 분자이고 발광 패널이 필요 없어 소형화에 용이하다.

④ 재료가 유기물이므로 유연한 디스플레이를 제작할 수 있다.

시장에서는 특히 유연성에 주목하고 있습니다. 상업적으로 다양한 상품에 활용할 수 있으며, 공처럼 둥글게 만들거나 자동차 내부 구조에 맞춰 자유자재로 디스플레이를 디자인해서 붙일 수 있습니다. 시청할 때는 펼치고, 불필요할 때는 말아서 감추는 롤러블 타입의 유기EL TV가 늘어날 전망입니다.

롤러블 타입의 유기EL 디스플레이

2020년 10월 LG전자가 세계 최초로 출시한 롤러블 OLED TV 'LG SIGNATURE OLED TVR'. 한국에서 1억 원에 발매했다. (출처: LG 보도자료)

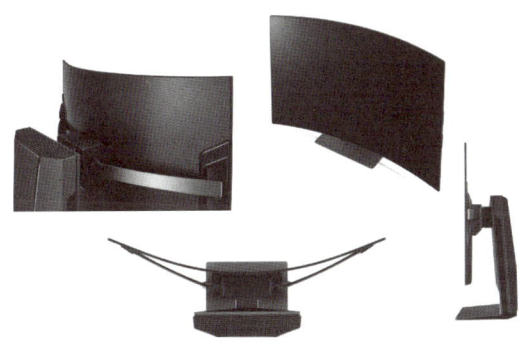

2023년 1월에 LG 일렉트로닉스 재팬이 일본에서 발매한 자유롭게 구부릴 수 있는 OLED TV 'LG OLED Flex'. 20단계로 곡률을 조절할 수 있으며, 가격도 약 40만 엔(400만 원 미만)대로 책정했다. (출처: LG 일렉트로닉스·재팬 보도자료)

단점

유기EL도 단점은 존재합니다. 유기물의 숙명인 강도가 낮다는 점입니다. 유기물은 일반적으로 열, 빛, 습기, 화학약품에 취약합니다. 심한 경우에는 곰팡이가 생기기도 합니다.

하지만 유기EL의 낮은 강도는 가까운 미래에 반드시 극복될 것입니다. 간단하게는 소자 전체를 튼튼한 플라스틱으로 코팅하는 방법을 생각할 수 있습니다. 플라스틱은 열, 빛, 바닷물, 미생물 등에 잘 견디며 아무리 열악한 환경이라도 쉽게 분해되지 않습니다. 플라스틱이 환경오염의 주범으로 취급받지만, 유기EL의 내구성을 올리는 해결책이 될 수 있습니다.

COLUMN ✕

← → ↻ ⌂ **유기EL의 안정성**

유기EL은 매우 뛰어난 디스플레이 기술이지만 단점도 존재합니다. 바로 앞서 밝힌 내구성입니다. 일반적으로 유기물은 쉽게 타고, 습기에 약하며, 금속이나 석재에 비해 내구성이 아주 떨어진다고 생각합니다.

하지만 과연 그럴까요? 금속은 녹슬고 구부러지기 쉬워 변형됩니다. 석재는 쉽게 깨집니다. 유기물은 어떨까요? 일본 전국시대 무장이었던 다테 마사무네의 부장품 중에 당시 모습을 그대로 유지하고 있던 것은 옻칠한 목제품이었다고 합니다. 옻칠은 천연 고분자, 플라스틱, 즉 유기물입니다. 플라스틱 폐기물이 환경오염 물질이라고 지적하는 이유는 이와 같은 특유의 튼튼함 때문입니다.

유기물은 칼로 자를 수 없고 총알로도 뚫지 못할 정도로 내구성을 높일 수 있으며, 자동차 엔진에 부착해 사용할 정도로 내열성도 높일 수 있습니다.

유기EL 소자 자체를 튼튼하게 만들지는 못해도 소자를 플라스틱으로 코팅하면 내구성 문제를 해결할 수 있습니다. 무엇보다 액정 분자는 전형적인 유기물입니다. 액정 TV가 액정 분자의 열화 때문에 고장이 났다는 사례는 들어본 적이 없습니다. 유기물은 약하다는 인식은 어쩌면 편견일 수 있습니다.

유기EL 디스플레이의 가능성

유기EL은 최신 디스플레이 소재입니다. 응용 가능성이 무궁무진한 만큼 앞으로 점차 응용 범위가 확대될 것입니다. 현시점에서 초박형 TV나 스마트폰 이외에 어떠한 응용 사례가 있는지 살펴봅시다.

● 평면 발광(유기EL 조명)

유기EL은 발광층 분자를 전극 위에 도포해 그 부분만 선택적으로 발광시킬 수 있는 장점이 있습니다. 이를 통해 넓은 면적을 한 번에 균일하게 발광시키는 평면 발광이 용이합니다.

인류가 지금까지 개발한 발광기는 백열전등이나 LED와 같은 점 광원과 형광등이나 네온 사인과 같은 선 광원뿐이었습니다. 액정 디스플레이의 발광 패널처럼 평면 광원이 필요할 때는 점 광원이나 선 광원을 배열해서 평면 광원에 가깝게 만들었습니다.

유기EL로 만든 평명 광원 조명이 본격적으로 보급되면 사무실이나 가정의 조명에 혁명이 일어날 것입니다. 또한 무대 예술, 쇼윈도 장식 등에도 큰 변화가 기대됩니다.

2013년, 도쿄 지유가오카역의 정기권 매장과 정면 개찰구에 설치된 파나소 닉의 유기EL 조명. 다만 저렴한 LED 조명이 충분히 보급돼 있어서 유기EL 조명의 도입은 답보 상태다.
(출처: Wikipedia)

●위장색

유기EL의 또 다른 장점은 어떤 곡면에도 응용할 수 있다는 것입니다. 공처럼 둥근 구면 TV는 이미 시제품이 탄생했습니다. 게다가 자동차를 비롯해서 군용 탱크에도 응용한다고 합니다. 탱크 표면을 유기EL로 뒤덮고 그곳에 정글이나 사막의 영상을 띄우면 어떻게 될까요? 이것이야말로 궁극적인 위장이 아닐까요?

또한 사람에게 등 쪽이 유기EL로 된 옷을 입히고 가슴에 카메라를 설치해서 전방의 경치를 등 쪽 화면에 띄우면, 그 사람의 모습은 경치에 녹아들어 마치 투명 인간처럼 보일 것입니다.

●다른 공간으로의 이동

사방의 벽은 물론이고 바닥과 천장까지 전부 유기EL로 이뤄진 방을 만들어보면 어떨까요? 여섯 면에 하와이의 경치, 밀려오는 파도, 빛나는 하늘을 비추면 어떨까요? 하와이 해변에서 즐기고 있는 듯한 분위기를 연출할 수 있지 않을까요?

이러한 기술을 활용하면 자신의 방을 오늘은 와이키키 해변, 내일은 아마존 정글, 모레는 중세의 거리 등 기분에 따라 바꿀 수 있습니다.

이것은 유기EL의 무궁무진한 가능성 중 하나의 예에 불과합니다. 유기EL은 TV나 스마트폰에만 사용하기에는 너무 아까운 기술입니다.

◀ 360도 파노라마

제4장

액정 분자의 성질과 특징

유기EL에 이어서 이번 장에서는 현재 디스플레이의 주류인 액정에 대해 살펴본다. 액정이 무엇인지, 어떻게 발견했는지를 알아보고 액정 디스플레이를 만드는 데 중요한 역할을 하는 두 가지 특징인 배향성과 광투과성에 대해서도 설명한다.

결정, 액체, 기체, 액정

4-01

액정 디스플레이는 말 그대로 액정을 이용한 디스플레이이다. 그렇다면 액정이란 무엇일까?
여기서는 액정에 대한 기초 지식을 알아본다.

액정 디스플레이는 말 그대로 액정을 이용한 디스플레이입니다. 하지만 이런 설명만으로는 이해할 수 없습니다. 도대체 액정이란 무엇일까요? 액정 디스플레이라고 했으니 액정이 화면을 나타내는 기술일 것입니다. 그렇다면 유기EL의 발광층 분자처럼 액정이 빛을 내면서 발광하는 것일까요? 과연 액정이란 무엇일까요?

물질의 상태

물은 저온에서 고체(결정) 상태인 얼음이 되고, 실온에서는 액체인 물, 고온에서는 기체 상태인 수증기로 변합니다. 이처럼 결정, 액체, 기체를 **물질의 상태**라고 합니다. 사실 결정, 액체, 기체 이외의 상태도 있습니다. 그래서 이 세 가지 상태를 특별히 **물질의 삼태**라고 부르기도 합니다.

물질의 삼태

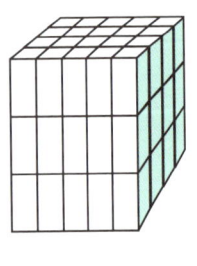

고체

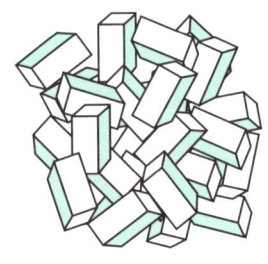

액체

기체

98쪽 그림에서 분자를 알기 쉽게 직육면체로 나타내 물질의 세 가지 상태를 표현해 봤습니다. 결정일 때는 모든 분자가 모여서 규칙적으로 배열돼 있습니다. 액체일 때는 결정이 무너져 보이지만, 분자 간의 거리는 결정 상태와 크게 다르지 않고, 분자는 서로 위치를 바꿔가며 이동합니다. 그런데 기체 상태가 되면 분자 간의 간격은 크게 벌어지며, 분자는 서로 빠른 속도로 날아다닙니다.

액정 상태

아래 표는 분자의 배열 상태를 알기 쉽게 모형으로 나타낸 것입니다. 결정 상태에서 분자는 위치와 방향(배향)이 모두 규칙적으로 정렬돼 있습니다. 그런데 액체가 되면 이 두 가지 규칙을 모두 상실합니다. 그렇다면 결정과 액체 사이에는 두 가지 규칙 중 한쪽이 남은 상태가 존재할 수 있음을 의미합니다.

즉 ①위치의 규칙성은 있지만 방향의 규칙성은 없는 상태와 ②위치의 규칙성은 없고 방향의 규칙성만 남은 상태가 실제로 존재합니다. ①을 **유연성 결정 상태**라고 하고, ②를 **액정 상태**라고 합니다. 이번 장에서 다루는 액정은 바로 액정 상태의 분자를 의미합니다.

상태와 분자 배열

상태		결정	유연성 결정	액정	액체
규칙성	위치	◯	◯	✕	✕
	배향	◯	✕	◯	✕
배열모형					

액정 분자

여기서 중요한 것은 '액정'이 분자의 종류를 나타내는 말이 아니라는 것입니다. '결정'이나 '액체'라는 말이 특정 분자를 나타내는 말이 아닌 것과 마찬가지로 '액정'이라는 말도 특정 분자를 나타내는 말이 아닙니다.

물이 온도에 따라 결정이 되기도 하고 액체가 되기도 하는 것처럼, 어떤 종류의 분자는 온도에 따라 결정이 되기도 하고 액체가 되거나 액정이 되기도 합니다. 즉 액정은 결정과 마찬가지로 어떤 특정 온도 영역에서만 나타나는 분자의 배열 상태 중 하나입니다.

하지만 물이 액정 상태가 될 수 없는 것처럼 마찬가지로 액정 상태가 존재하지 않는 분자는 많습니다. 어떤 특수한 유기 분자만이 액정 상태가 될 수 있습니다. 이처럼 액정 상태가 될 수 있는 분자를 특히 액정 분자라고 지칭하는 이유입니다. 일반적으로 액정 분자는 긴 끈 모양의 분자를 말합니다. 전형적인 분자 구조를 아래 그림으로 표현했습니다.

액정 분자의 구조

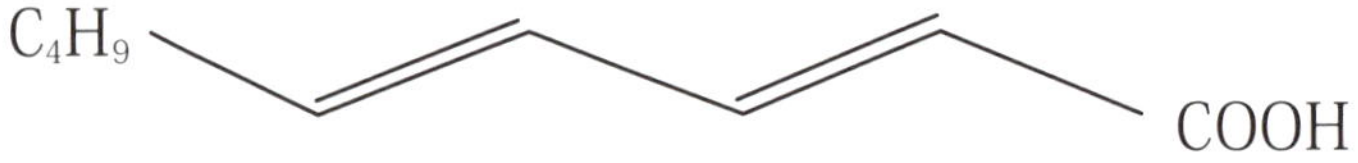

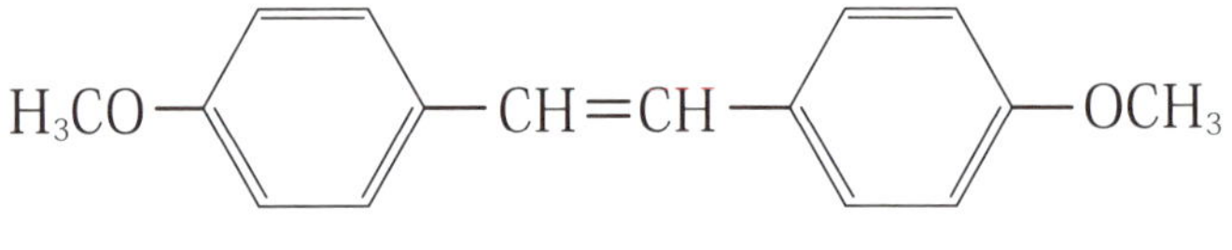

액정의 성질

액정이 발견된 배경에는 재미있는 에피소드가 있다. 여기서는 액정을 발견한 계기가 된 화학 현상에 대해 살펴본다.

액정은 19세기 말, 오스트리아의 식물학자 프리드리히 라이니처가 콜레스테롤을 연구하던 중에 발견했습니다. 콜레스테롤의 녹는점이 둘이라는 점은 액정을 발견하는 계기가 됩니다. 녹는점이 둘이라는 말은 무엇을 의미할까요?

액정 분자와 온도

아래 그림은 일반적인 유기 분자와 액정 분자의 온도 변화를 나타낸 것입니다. 일반적인 유기 분자는 저온에서 고체인 결정, 녹는점 이상의 온도에서 유동성이 있는 투명한 액체, 끓는점 이상의 온도에서 기체가 됩니다. 그런데 액정 분자는 결정에 온도를 높여 녹는점에 이르면 유동성이 생기지만 투명하지 않습니다. 이런 상태가 액정 상태입니다. 온도를 더 올려야 투명점에 이르고 투명한 액체가 됩니다. 물론 온도를 더 올리면 기체가 됩니다. 다만 그 전에 분자가 열분해하는 경우도 있습니다.

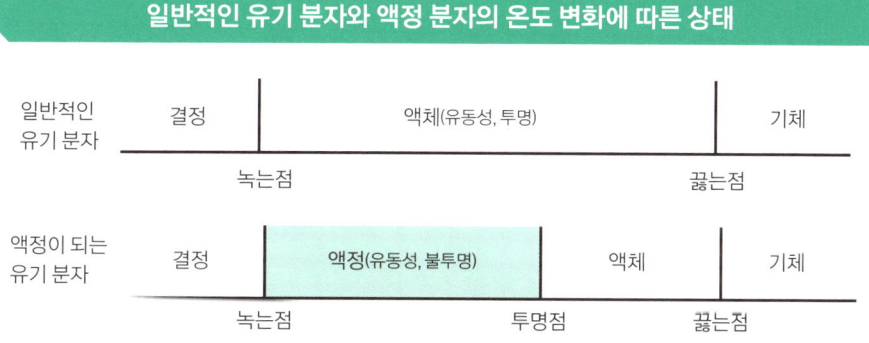

일반적인 유기 분자와 액정 분자의 온도 변화에 따른 상태

일반적인 유기 분자	결정	액체(유동성, 투명)	기체
		녹는점 끓는점	

액정이 되는 유기 분자	결정	액정(유동성, 불투명)	액체	기체
		녹는점 투명점 끓는점		

따라서 액정 상태는 녹는점과 투명점 사이의 특정 온도 범위에서만 나타나는 분자들의 특수한 배열 상태를 의미합니다.

시냇물의 송사리

액정 상태의 분자는 방향의 규칙성을 유지하지만, 위치의 규칙성을 잃는다고 설명했습니다. 이는 구체적으로 어떤 상태를 의미할까요?

액정 상태의 분자 움직임을 단적으로 말하면, 시냇물에서 헤엄치는 송사리의 모습이라고 표현할 수 있습니다. 작고 약한 송사리는 항상 상류를 향해 헤엄치지 않으면 물살에 떠내려가 버립니다. 즉 송사리의 흐름이 상류를 향하고 있다는 의미에서 방향에 규칙성이 있습니다.

하지만 송사리도 먹이는 잡아야 합니다. 먹이가 항상 상류에만 존재하라는 법은 없습니다. 그래서 송사리는 상류를 향한 채 교묘하게 좌우로 이동하며 먹이를 잡아먹습니다. 이런 의미에서 위치의 규칙성은 상실된 것입니다.

다만 액정 분자는 여러 종류가 있으며, 그에 따라 액정 상태 또한 여러 가지입니다. 여기서는 일반적으로 **네마틱 액정**으로 불리는 가장 전형적인 액정의 종류를 소개합니다.

시냇물 송사리의 규칙성

문헌에 따르면 액정은 1888년 오스트리아의 식물학자 프리드리히 라이니처가 처음으로 발견했습니다. 그는 콜레스테롤을 연구하던 중이었습니다.

▼ 라이니처

출처: Wikipedia

● 액정의 발견

라이니처는 어느 날, 콜레스테롤인 벤조산 에스테르의 결정을 가열하던 중에 이상한 현상을 목격했습니다. 이 결정을 가열했더니 145.5℃에서 녹아 하얗고 끈적이는 액체가 되더니, 178.5℃에서는 투명해진 깃이었습니다. 즉 녹는점이 하나가 아니라는 사실을 발견하고 이를 당시 학회지에 보고했습니다.

하지만 이 현상을 처음 발견한 사람은 라이니처가 아니었습니다. 오래전부터 이 현상은 관찰되고 있었습니다. 라이니처 자신도 보고서에 연구자 몇 명이 두 개의 녹는점을 관찰했음을 밝혔습니다.

요컨대 이 물질의 녹는점이 둘이라는 사실을 많은 연구자가 이미 알고 있었습니다. 그러면 라이니처가 보고할 때까지 왜 아무도 정식으로 보고하지 않았을까요? 다른 연구자는 녹는점이 둘이라는 사실을 알고 있었지만 불순물 탓으로 믿었기 때문입니다.

순수한 벤조산 콜레스테롤로 실험한 것은 라이니처가 처음이었습니다. 그래서 라이니처는 이 현상이 불순물에 의한 것이 아니라 벤조산 콜레스테롤 자체의 특수한 성질이라고 확신할 수 있었습니다.

이는 실험에 종사하는 연구자라면 누구나 주의해야 할 점입니다. 연구에 시약을 사용할 때 시판되는 시약을 확인하지 않은 채 그대로 실험에 사용하는 경우가 매우 많습니다. 시약의 순수함을 담보하는 것은 판매 회사의 데이터뿐입니다.

옛날 해외의 연구실에서 연구하던 시절에 세계적으로 유명한 모 시약 회사에 25g짜리 병에 든 액체 시약을 주문한 적이 있습니다. 무심코 시약이 든 갈색병을 봤더니 뭔가 고형물이 눈에 띄었습니다. 자세히 보니 작은 파리였습니다. 있을 수 없는 일이라고 생각하고 상사로 모시던 교수님께 보여드렸더니 가볍게 웃으시며 "회사에 말해두겠네." 하고 말할 뿐 대수롭지 않게 넘기는 모습을 보고 놀란 적이 있습니다.

●실험과 연구를 수행하는 마음가짐

실험은 재현성이 필수입니다. 한 번 얻은 결과만으로는 신뢰할 수 없다는 것은 'STAP 세포'의 사례로도 잘 알 수 있습니다.(2014년에 큰 파장을 일으킨 일본의 과학 논문 조작 및 연구 부정행위 사건 – 옮긴이 주) 그리고 재현성은 실험에 사용하는 시료 및 시약이 문제없이 순수한 상태여야 담보할 수 있습니다.

불순물이 섞여 있을지도 모른다고 의심한다면, 즉 측정 데이터마저도 의심해야 한다면 정확한 연구는 애초에 불가능합니다.

실험과 데이터에는 실험을 수행한 사람의 인간성과 인생관이 나타난다고도 볼 수 있습니다. 최근 데이터 조작과 관련한 일련의 사건들을 보면 '일본의 과학 연구에 미래는 없다.'라는 생각을 감출 수가 없습니다.

4-03 액정 분자의 배향

액정 분자는 배향이라는 매우 신기한 성질이 있다. 여기서는 배향을 제어하는 방법을 살펴본다.

액정 상태에서는 분자가 위치를 바꾸며 움직이지만, 분자의 방향은 항상 일정합니다. 그렇다면 도대체 액정 분자는 어느 방향을 향하는 걸까요? 그 방향을 인간이 자유롭게 바꿀 수 있을까요?

배향의 물리적 제어

액정 분자의 방향은 비교적 자유롭게 제어할 수 있습니다. 가장 손쉬운 제어법은 벽면에 미세한 스크래치를 낸 유리 용기에 액정 분자를 넣는 것입니다. 그러면 모든 액정 분자는 스크래치 방향에 따라 정렬합니다.

배향의 물리적 제어

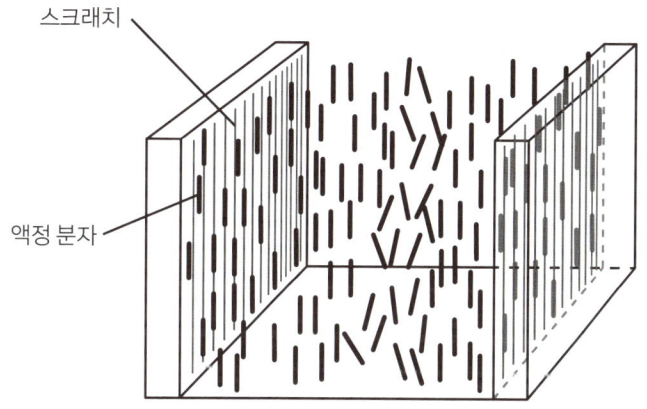

스크래치

액정 분자

이번에는 유리 용기의 맞은편 벽면에도 스크래치를 90도 방향으로 넣어봅니다. 그러면 액정 분자들은 몸을 비틀어 마치 나선형 계단처럼 배향합니다. 이와 같은 성질은 다음 장에서 살펴볼 트위스티드 네마틱 셀의 액정 디스플레이에서 활용됩니다.

이러한 배향 형태는 특이하고 인위적인 조작을 하지 않으면 나타나지 않는다고 생각할지 모르겠지만, 최초로 발견된 콜레스테롤의 액정 상태가 바로 이런 나선형이었습니다. 이렇게 배향하는 액정을 **콜레스테릭 액정**이라고 합니다.

콜레스테릭 액정

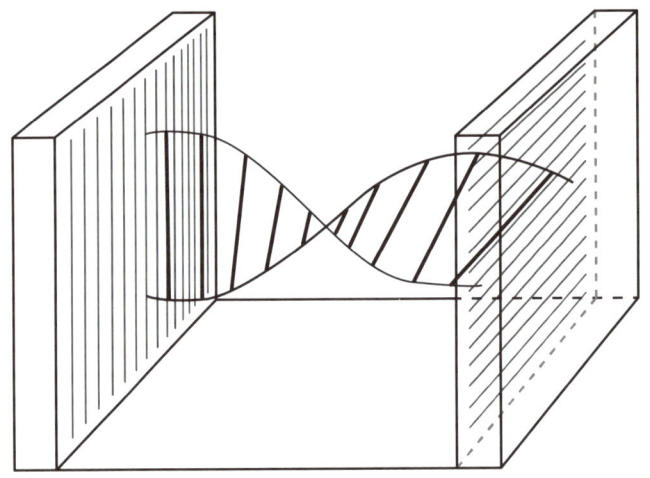

배향의 전기적 제어

특히 중요한 액정 상태의 성질은 액정 분자의 배향을 전기적으로 제어할 수 있다는 점입니다. 이런 성질은 다음 장에서 살펴볼 액정 디스플레이 제작에 결정적으로 중요한 역할을 합니다.

앞서 살펴본 액정을 넣은 유리 용기에서 스크래치가 있는 유리를 스크래치가 있는 투명 전극으로 바꿔봅시다. 전기가 통하지 않는 상태라면 액정 분자는 투명 전극의 스크래치에 맞춰 배향하지만, 전극에 전기를 넣으면 분자는 전류가 흐르는 방향으로 배향을 바꿉니다.

이 변화는 가역적이며, 스위치를 끄면 원래의 스크래치 방향으로 배향을 바꾸고 스위치를 켜면 다시 배향이 바뀝니다. 이러한 배향의 변화는 수만 번 이상 반복해도 어김없이 똑같이 일어납니다. 이처럼 액정 분자의 배향은 전기로 자유롭게 제어할 수 있습니다.

배향의 전기적 제어

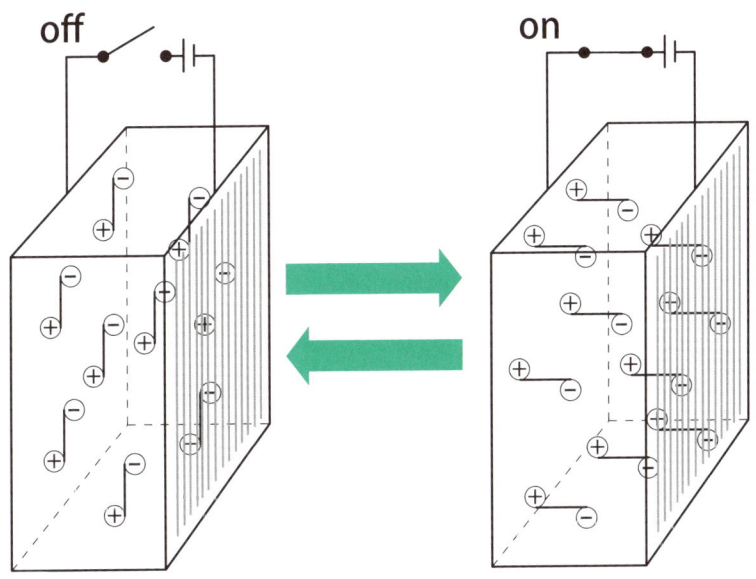

액정과 광투과성

배향 성질과 함께 액정에는 광투과성 성질이 있다. 액정 디스플레이를 제작할 때 중요한 기능을 하는 광투과성에 대해 살펴본다.

편광

액정 분자의 결정을 가열하면 녹는점에서 녹고 액체와 같은 유동성을 지니지만, 액체처럼 투명하지 않다고 앞서 설명했습니다. 여기서 '투명하지 않다'라는 표현은 물처럼 깨끗하게 투명하지 않다는 것을 의미합니다. 즉 먹물이나 마시는 요구르트처럼 빛을 전혀 투과하지 않는 것은 아니며 묽은 우유처럼 탁하다는 의미입니다. 그 이유는 액정이 빛의 일부만 투과하기 때문입니다.

유기EL을 설명하는 부분에서 살펴보았듯이 빛은 전자파이며 횡파입니다. 횡파이기 때문에 흔히 종이에 파도를 그릴 때의 모양처럼 진동면이 있습니다. 횡파 근처를 떠다니는 일반적인 빛은 진동면의 방향이 광자마다 제각기입니다. 이 진동면을 원을 기준으로 그려보면, 원 안에서 사방팔방으로 뻗는 형태로 표현할 수 있습니다.

편광

자연광

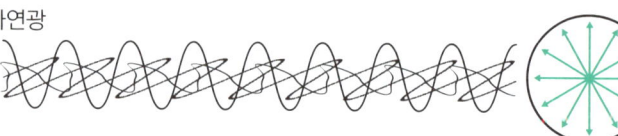

편광

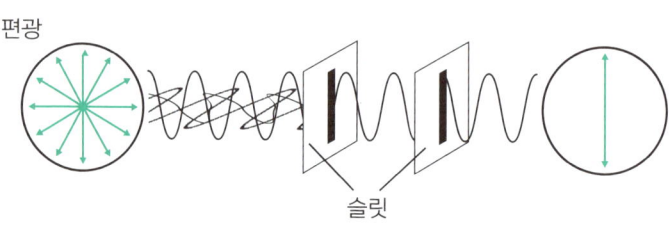
슬릿

이렇게 표현되는 일반적인 빛을 얇은 슬릿 사이로 통과시키면 어떻게 될까요? 혹시 빛이 새어 나갈 수 있으니 슬릿을 이중, 삼중으로 만드는 것이 좋습니다. 그러면 진동면의 방향이 슬릿 방향과 일치하는 빛만 투과되고 다른 빛은 차단됩니다. 이렇게 방향이 같은 진동면만 모은 빛을 **편광**이라고 합니다.

편광과 액정

당연한 이야기이지만 편광을 슬릿에 통과시키면 진동면이 슬릿 방향과 일치하는 편광은 슬릿을 통과하지만, 그 이외의 빛은 슬릿에 차단됩니다.

액정은 편광과 관련해서 슬릿과 같은 작용을 합니다. 즉 진동면의 방향이 액정 분자의 배향과 일치하는 편광은 액정을 투과할 수 있습니다. 이 경우, 액정을 투과한 편광의 진동면은 입사한 편광의 진동면과 같습니다. 이때는 아래 그림에 표현했듯 빛이 닿아 액정이 밝게 빛나 보입니다. 반면에 배향이 일치하지 않는 편광은 액정을 투과할 수 없습니다. 따라서 액정이 검게 보입니다.

한편으로 배향이 뒤틀어진 액정을 통과한 편광은 액정을 투과할 수 있지만, 편광의 진동면은 액정 분자와 같은 방향으로 회전합니다.

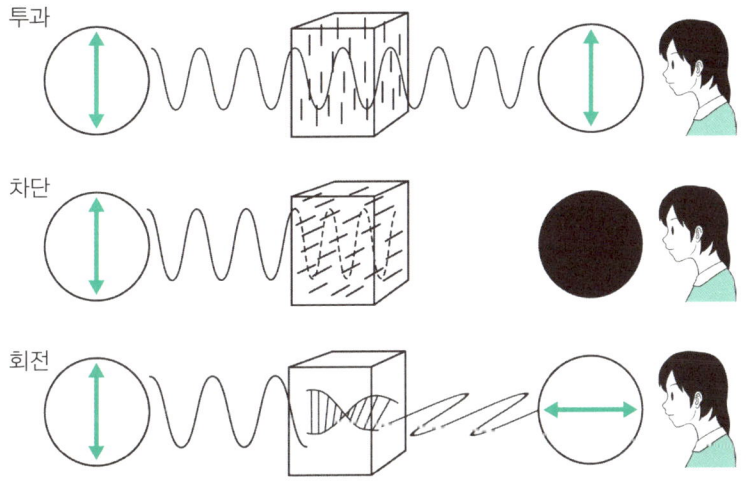

편광과 액정

전기를 이용한 투과성 제어

　이러한 원리를 이용하면 전기적으로 액정면의 투과율을 조절해서 액정면을 밝게 보이게 하거나 어둡게 보이게 할 수 있습니다. 즉 아래 그림과 같이 투명 전극으로 이뤄진 셀에 액정을 넣고 편광을 입사합니다.

　그러면 전기가 통하지 않는 상태에서는 편광면과 액정 배향이 일치하므로 액정 (화면)은 하얗게 보입니다. 반면에 전기를 넣으면 액정 배향이 회전하므로 편광은 통과할 수 없어 화면이 검게 보입니다. 액정 디스플레이는 이 원리를 이용합니다.

전기를 이용한 투과성 제어

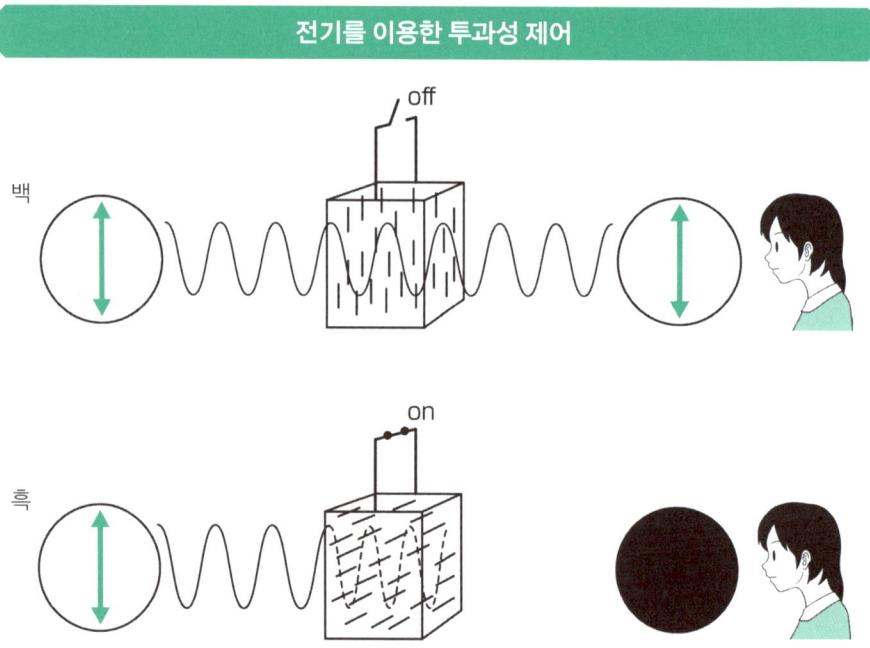

원자는 서로 결합해 분자라는 구조체를 형성합니다. 분자도 역시 모여서 결합하면 고차적인 구조체를 만듭니다. 이러한 구조체의 예로 고분자와 초분자가 있습니다.

● 고분자와 초분자

고분자는 플라스틱으로 대표되는 화합물로, 작은 단위 분자가 수백 개에서 많게는 수만 개가 공유 결합을 통해 연결됩니다.

반면에 **초분자**는 각 단위 분자가 모여 있을 뿐, 결합돼 있지는 않습니다. 초분자는 크게 두 가지로 나뉘는데, 수많은 단위 분자가 모인 것과 기껏해야 10개 내외의 분자만으로 이뤄진 것이 있습니다.

● 액정과 분자막

액정은 앞서 살펴본 초분자에 해당하는 고차 구조체입니다. 액정처럼 수많은 분자 집합체로 이뤄진 초분자 중에는 분자막이라는 구조도 있습니다. 이 분자막은 한 분자 안에 친수성(물을 좋아하는 성질)과 소수성(물을 싫어하는 성질)을 동시에 보이는 양친매성 분자들이 모여 형성됩니다.

양친매성 분자를 물에 녹이면 친수성 부분은 물과 잘 섞이지만 소수성 부분은 물에 녹지 않고 수면 위로 떠오릅니다. 이렇게 많은 소수성 부분이 나란히 수면 위로 모이면 수면을 덮는 분자 집단이 생기는데 이것이 바로 **분자막**입니다.

▼ 분자막의 친수기와 소수기

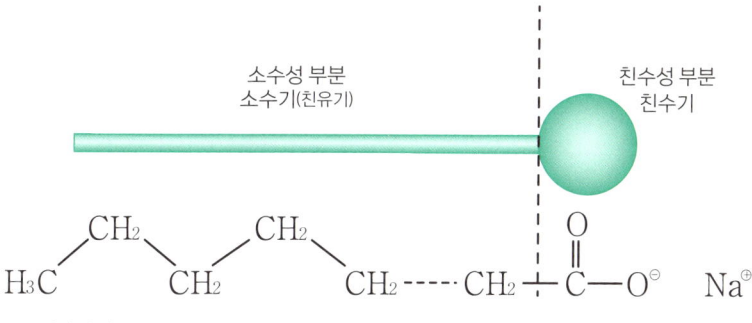

소수성 부분
소수기(친유기)

친수성 부분
친수기

알칼리성 세제(비누)

비눗방울은 분자막의 대표적인 예입니다. 비눗방울의 막은 두 장의 분자막이 친수성 부분 끼리 서로 마주 보며 겹쳐진 구조입니다. 이 접합면으로 물 분자가 들어갑니다. 이렇게 두 분자가 겹쳐진 형태를 일반적으로 이분자막이라고 합니다.

또 다른 예로는 **세포막**이 있습니다. 세포막은 지질 분자의 일종인 인지질로 이뤄진 이분자막입니다. 하지만 세포막은 소수성 부분과 서로 마주 보며 겹쳐진 구조입니다. 세포막을 구성하는 인지질 분자 사이에는 결합이 없기 때문에 인지질 분자는 막의 내부를 자유롭게 이동하거나 막을 이탈하고 다시 돌아오는 것도 가능합니다.

이처럼 세포막은 구조가 유동성이 높고 유연해서 물과 같은 작은 분자는 세포막을 통과해 세포를 드나들 수 있습니다. 또한 세포막에는 콜레스테롤이나 단백질과 같은 큰 분자도 들어갈 수 있습니다.

세포막이 이처럼 활발하게 움직이는 이유는 생명체의 역동성과 연결 지어 생각할 수 있을지도 모릅니다. 참고로 바이러스는 세포막이 없으며 여러 이유 때문에 생명체로 간주하지 않습니다.

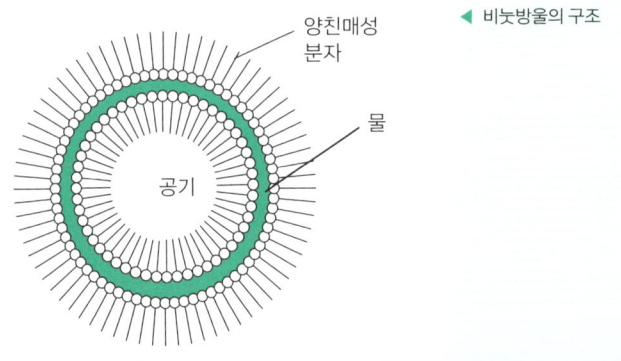

양친매성
분자

◀ 비눗방울의 구조

물

공기

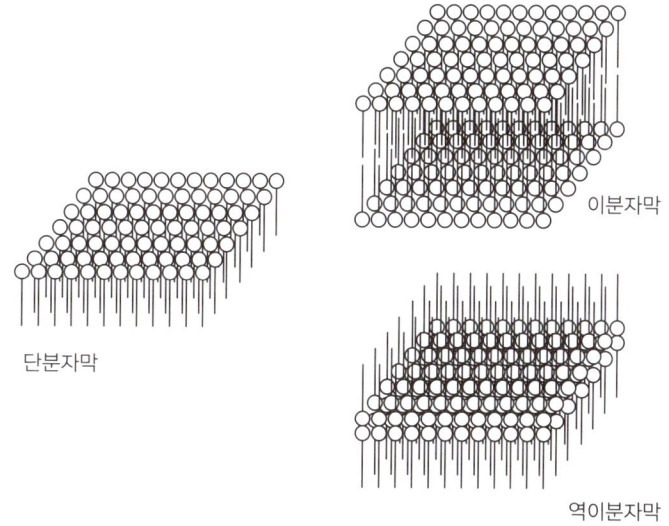

이분자막

단분자막

역이분자막

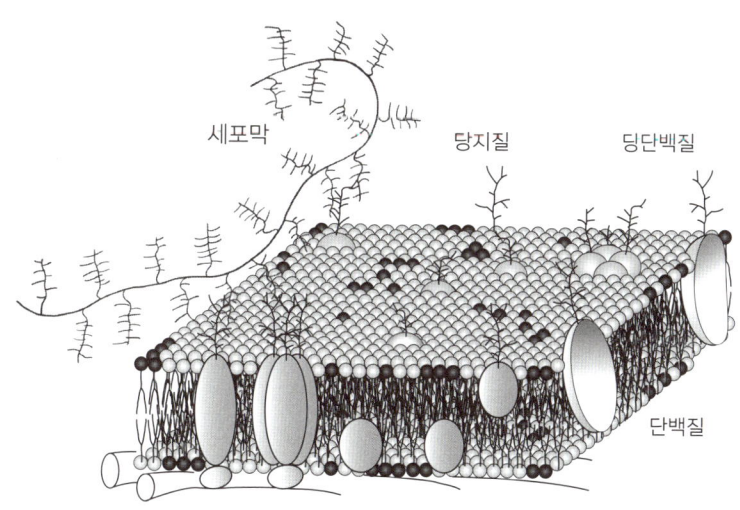

세포막

당지질

딩단백질

단백질

만약 지금 액정이 없었다면 TV도 스마트폰도 제구실하지 못했을 시대를 살고 있을 겁니다. 하지만 불과 반세기 전만 해도 액정을 어디에 사용할지 고민했습니다. 당시에는 조선 분야에서 철판 용접의 하자를 검사하는 용도로 액정을 사용했습니다.

콜레스테릭 액정(131쪽 참고)은 층상 구조라서 각층의 반사광이 서로 간섭해 독특한 간섭색을 나타냅니다. 그리고 콜레스테릭 액정의 트위스트 피치는 온도에 따라 변합니다. 즉 콜레스테릭 액정의 간섭색은 열에 의해 변한다는 의미입니다. 이 원리를 이용해서 용접의 하자 여부를 검사했습니다.

아래 그림은 접착된 금속판 두 장의 접착 상태를 점검할 때의 사례입니다. 접착한 금속의 표면에 콜레스테릭 액정을 도포하고 아래에 열기를 가하면, 접착이 완전한 A의 경우에는 열이 균등하게 전도하기 때문에 뒤틀림 없는 원형의 간섭 링이 나타납니다. 반면에 접착이 완전하지 않은 B의 경우에는 불완전한 부분에서 열전도가 좋지 않기 때문에 간섭 링에 왜곡이 나타납니다. 즉 샘플을 훼손하지 않고도 용접 불량을 쉽게 검사할 수 있습니다.

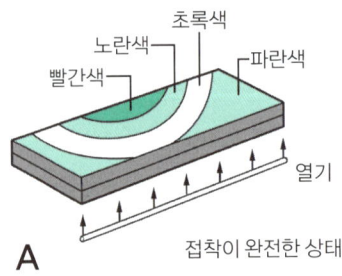

A 접착이 완전한 상태

빨간색: 29℃
파란색: 30℃

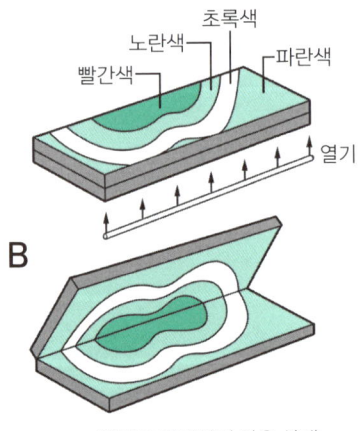

B 접착이 완전하지 않은 상태

제5장

액정 디스플레이의 원리

앞 장에서는 액정의 기본 지식에 대해서 살펴봤다. 이어서 이번 장에서는 액정 디스플레이의 원리를 알아보자. 액정 디스플레이의 구조와 디스플레이의 주류가 된 지금에 이르기까지의 발전 과정, 액정의 장점 및 단점, 나아가 액정의 미래도 살펴본다.

분자 그림자를 통한 이해

액정 디스플레이의 구조는 다소 복잡하다. 그래서 여기서는 가상의 액정 디스플레이를 가정하고 그 구조를 설명한다.

앞 장에서는 액정 분자의 배향을 전기적으로 제어하는 기술과 액정 및 편광의 상호작용에 대해 살펴봤습니다. 액정 디스플레이는 이 두 가지 요소를 조합한 구조이며, 원리적으로는 단순합니다. 하지만 액정 디스플레이 구조는 트위스티드 네마틱 셀(TN 셀)과 편광을 조합해서 다소 복잡합니다. 먼저 가상의 액정 디스플레이를 상정해서 기본 지식을 차근차근 익혀봅시다.

액정 분자는 발광하지 않는다

액정 분자는 유기EL 분자와 달리 스스로 빛을 내지 않습니다. 즉 스스로 화면을 나타내는 능력이 없습니다. 그렇다면 이 액정이 어떻게 디스플레이에 이미지를 나타낼 수 있을까요?

그 해답은 교묘한 발상에 있습니다. 어렸을 때, 부모님이나 친구와 그림자놀이를 해본 적이 있을 것입니다. 손으로 비둘기나 여우 모양을 만들어 전등 불빛을 비추면 손 모양이 벽면에 실루엣으로 나타납니다. 이것이 그림자놀이입니다.

그림자놀이의 원리

액정 디스플레이는 바로 이와 같은 그림자놀이의 원리를 화면 표시에 적용한 기술입니다. 손이 스스로 발광하지 않아도 비둘기나 여우의 모양을 벽면(디스플레이)에 나타낼 수 있듯이, 액정 분자 역시 스스로 발광하지 않아도 디스플레이에 화면을 표시할 수 있습니다.

다만 그림자를 나타내려면 전등(광원)이 필요하듯, 액정 디스플레이에도 빛을 비추는 광원이 필요합니다. 이 역할을 담당하는 것이 바로 발광 패널이라는 부품입니다. 액정 디스플레이는 발광 패널의 밝은 화면 앞에 액정을 위치시켜 그 액정이 그림자를 만들어 화면을 표현하는 방식입니다. 즉 액정 디스플레이는 액정만으로 화면을 표시할 수 없습니다. 액정이 들어간 액정 패널과 빛을 비추는 발광 패널, 이 두 장의 패널이 반드시 함께 있어야 합니다. 이런 구조는 액정 디스플레이의 피할 수 없는 단점으로 작용하기도 합니다.

그림자놀이

스트립형 액정 분자 모델

다음으로 액정 디스플레이의 기본 지식을 쉽게 익히기 위해, 액정 분자를 가늘고 긴 종이
모양의 스트립형 분자로 가정하고 살펴보자. 그리고 하얀색과 검은색이 어떻게 전환하는
지에 대해서도 알아본다.

화학 분자로 그림자를 만든다는 발상이 다소 엉뚱하다고 생각할지도 모르겠습니
다. 하지만 액정 디스플레이의 기본 지식을 익히기에는 이만한 비유가 없습니다.

스트립형 분자

여기서는 액정 분자를 스트립형 분자로 상정하고, 종이로 된 스트립처럼 빛을 차
단한다고 칩시다. 다만 일반적인 종이 스트립이 아니라 액정 분자와 똑같이 방향 규
칙성이 있다고 가정하겠습니다. 즉 용기에 스크래치가 있으면 그에 따라 정렬합니
다. 하지만 전기가 통하거나 혹은 전압이 걸리면 전류가 흐르는 방향으로 다시 전환
합니다.

아래 그림은 스트립형 분자가 들어간 셀을 항상 빛나는 발광 패널 앞에 설치한
모습입니다. 디스플레이 사용자는 스트립형 분자 셀을 통해 발광 패널을 봅니다.

스트립형 분자 셀

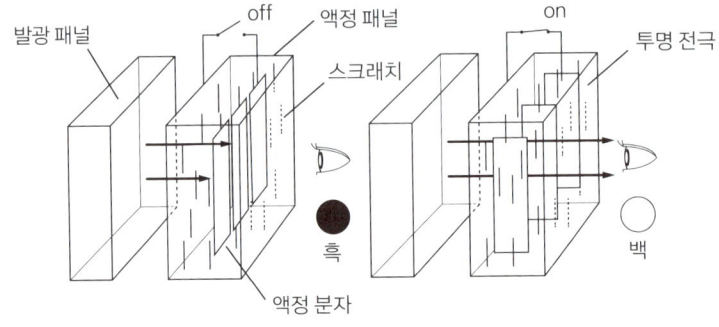

흑백의 전환

그림의 왼쪽은 전기가 통하지 않은 상태입니다. 스트립형 분자는 셀의 스크래치에 따라 정렬돼 있습니다. 이 상태에서는 스트립형 분자가 발광 패널 앞에 평행하게, 마치 뚜껑을 덮은 것처럼 정렬돼 있습니다. 발광 패널의 빛은 스트립형 분자로 인해 완전히 차단돼 눈에는 닿지 않습니다. 즉 화면이 검게 보입니다.

그에 반해 그림의 오른쪽은 전기가 통한 상태입니다. 스트립형 분자는 방향을 바꾸고 발광 패널에 대해 수직으로 정렬돼 있습니다. 이 경우는 거의 빛을 방해하지 않습니다. 발광 패널의 빛은 스트립형 분자 사이를 지나 완전하게 눈에 닿습니다. 즉 화면이 하얗게 보입니다.

스위치를 켜면 화면은 하얗게 되고, 스위치를 끄면 화면은 검게 변합니다. 이제 화면을 임의로 하얗게 만들거나 검게 만들 수 있습니다. 더구나 이 변화는 가역적이어서, 몇 번이고 반복할 수 있습니다.

이런 방식으로 화면을 미세하게 조절하면, 적어도 흑백이지만 원하는 이미지를 디스플레이에 표시할 수 있습니다. 이것이 액정 디스플레이의 기본 원리를 알기 쉽게 표현한 모델입니다.

COLUMN ✕

← → ↻ ⌂ **액정 디스플레이의 작동 온도 범위**

액정은 분자의 이름이나 종류가 아니라 결정이나 액체와 마찬가지로 물질의 상태를 가리킵니다. 액정 분자는 녹는점과 투명점 사이의 온도에서만 액정 상태로 존재할 수 있습니다. 따라서 액정 상태를 이용하는 액정 디스플레이의 작동 온도는 당연히 일정한 범위가 있습니다. 일반적인 액정 모니터가 보증하는 작동 온도는 대략 0~40℃ 범위입니다. 이보다 저온이면 분자의 움직임이 느려져서 디스플레이의 응답성이 떨어지고, 고온에서는 깜박임이나 색 번짐이 보입니다.

액정 디스플레이의 보증 온도는 제품마다 다르지만, -40~95℃와 같이 예외적으로 넓은 제품도 있고, -10~60℃로 좁은 제품도 있습니다. 보증 온도 밖의 저온에 노출되면 디스플레이가 작동하지 않아 화면이 검게 보일 수 있는데, 일시적 현상으로 따뜻한 열을 가하면 정상적으로 작동합니다.

TN 셀을 이용한 화면 표시

지금까지 액정 디스플레이의 기본 지식을 익히는 데 집중했다면, 이제 실제 액정 디스플레이의 구조에 대해 살펴본다.

TN 셀

실제 액정 디스플레이는 스트립형 분자 대신 네마틱 액정을 사용하기 때문에 발광 패널에서 일반적인 빛이 아닌 편광된 빛이 방출됩니다.

네마틱 액정이 들어간 셀은 일반적인 셀이 아니라, 빛이 들어가고 나오는 면의 스크래치가 서로 90도 회전된 형태입니다. 즉 셀로 들어간 액정 분자는 빛의 입사 측과 사출 측 배향이 90도로 회전돼 있습니다. 이러한 셀을 트위스티드 네마틱 셀, 줄여서 TN 셀이라고 합니다.

초기 TN 셀의 예

앞서 소개한 것처럼 이러한 셀에 편광을 비추면 셀을 빠져나오는 편광의 진동면이 90도로 뒤틀립니다.

흑백의 선택

이 셀의 사출 측에 아래 그림과 같은 검광자(슬릿)를 설치했다고 가정해 봅시다. 그림과 같이 입사 측 편광의 진동면이 수직이면, 사출 측에서는 90도 회전한 수평이 됩니다. 즉 검광자의 슬릿 방향과 일치합니다. 따라서 슬릿을 통과한 편광이 우리 눈에 도달하게 됩니다. 결과적으로 화면은 하얗게 보입니다.

하지만 TN 셀에 전원을 인가하면 액정 분자가 배향을 바꾸므로 편광은 진동면을 바꾸지 않고 그대로 TN 셀을 통과해 검광자에 도달합니다. 이때 편광은 검광자를 통과할 수 없으므로 화면은 검게 보입니다.

이 방법을 활용하면 스트립형처럼 빛을 차단하는 가상의 분자를 사용하지 않고도 빛을 통과시키거나 차단할 수 있습니다. 액정과 편광의 성질을 잘 이해하고 있는 사람이 생각해 낸 뛰어난 아이디어입니다.

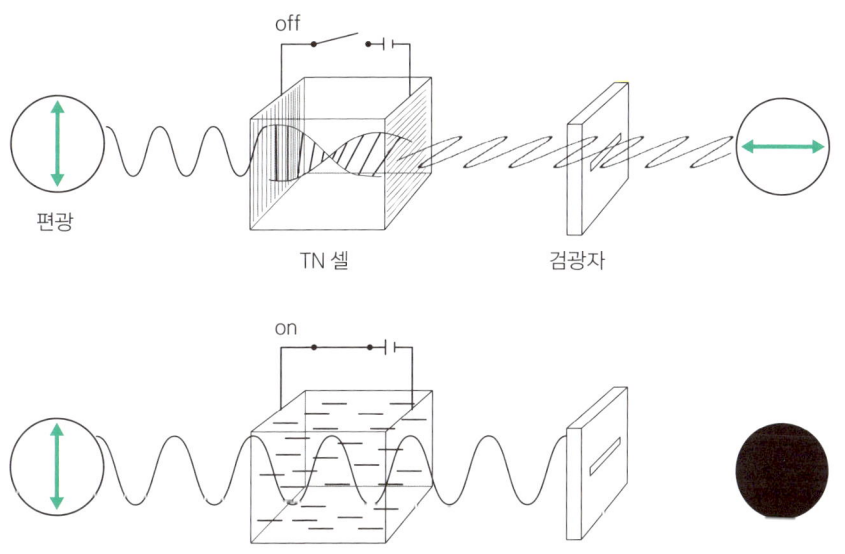

액정 디스플레이의 화면 표시 구조

off

편광   TN 셀   검광자

on

액정 디스플레이의 개선

5-04

액정 디스플레이는 세월이 흐르면서 다양한 기술 발전을 거쳐 현재에 이르렀다. 여기서는 지금까지의 발전 과정과 향후 개선 방향에 대해 살펴본다.

액정 디스플레이의 기본 지식은 앞서 살펴봤습니다. 하지만 디스플레이는 액정 타입만 있는 것이 아닙니다. 급격한 성장세를 보이고 있는 유기EL 타입도 있습니다. 이런 상황에서 액정 TV가 살아남으려면 추가적인 성능 개선이 필요해 보입니다.

액정 셀의 개선

액정 셀의 기본 타입은 TN 셀이며, 이는 전원이 켜져 있을 때 이외에는 액정 분자가 90도로 트위스트된 형태로 배치돼 있습니다. 반면에 STN 셀은 TN 셀을 개선

TN 셀과 STN 셀

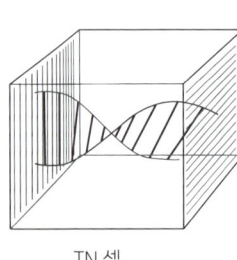
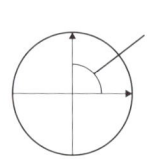

TN 셀

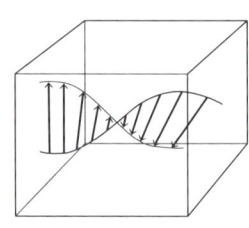
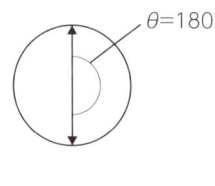

STN 셀

한 타입입니다. STN 셀은 슈퍼 TN 셀의 약자로 액정 분자가 90도가 아닌, 180도에서 270도 정도의 큰 각도로 꼬여 있습니다.

이 때문에 전원을 켜면 분자의 배향에 큰 변화가 일어나고, 이에 따라 빛의 투과율도 큰 변화를 보입니다. 결과적으로 기존의 TN 셀에 비해 화면의 콘트라스트가 개선돼 스위치 전환에 따른 응답성이 좋아집니다.

하지만 STN 셀에는 중대한 결함이 있습니다. 액정 패널이 두꺼워져 특정 파장의 빛이 반사, 산란된다는 점입니다. 따라서 화면이 완전한 흑백이 아닌 황록색이나 진한 남색으로 번져 보입니다.

이를 개선한 셀이 TSTN(트리플 STN) 셀, 또는 FSTN(필름 STN) 셀입니다. FSTN 셀은 STN 셀에 고분자로 만든 광학 보상 필름을 붙인 구조입니다. 이를 통해 빛의 비틀림을 바로 잡을 수 있습니다. 이 필름 두 장을 STN 셀에 샌드위치 형태로 붙여 만든 것이 TSTN 셀이며, 양쪽 모두 화면의 색 번짐 없이 흑백으로 잘 표시됩니다.

FSTN 셀과 TSTN 셀

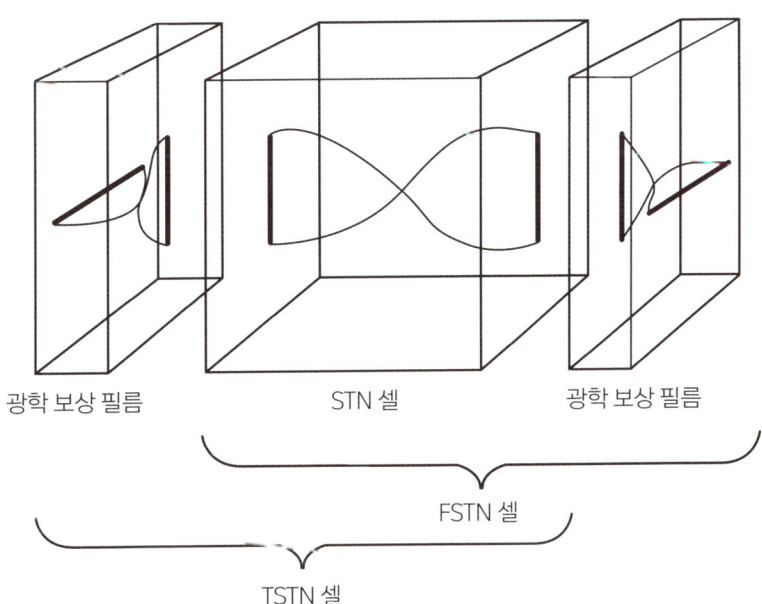

광학 보상 필름   STN 셀   광학 보상 필름

FSTN 셀

TSTN 셀

백라이트의 개선

액정 분자는 스스로 발광하지 않습니다. 액정 디스플레이는 발광 패널(백라이트)의 빛을 액정으로 차단해 화면을 표시하는 기술로 백라이트가 필수입니다.

백라이트에 필요한 조건은 ①고휘도, ②저전력, ③높은 수명입니다. 백라이트에는 몇 가지 종류가 있으며, 하나는 백라이트 발광 패널이 발광하는 것이고, 다른 하나는 자연광을 반사해 사용하는 것입니다. 기본 구성은 아래 그림과 같습니다.

백라이트의 기본 구성

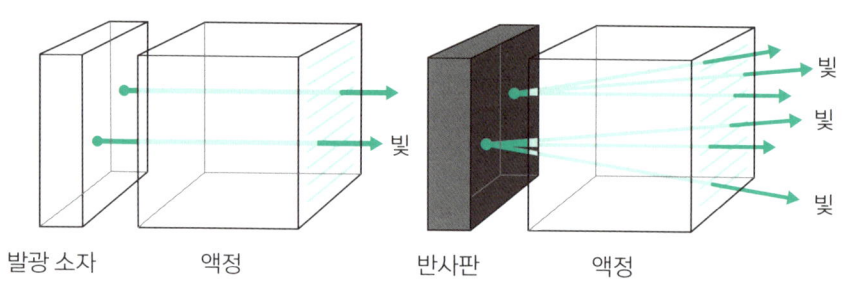

발광 소자　　　　액정　　　　　반사판　　　　액정

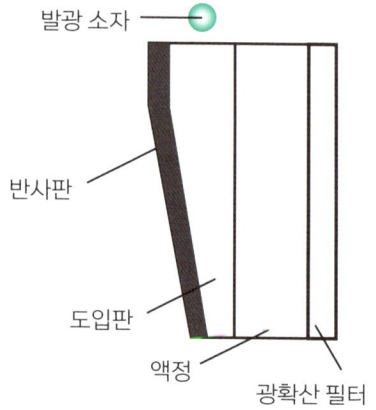

대형 TV에서는 자체 발광이 가능한 백라이트를 사용하며, 수십 개(40인치 TV에서는 30개)의 형광등과 LED 등을 조합해 면발광에 가까운 형태로 만듭니다. 또한 균일하고 얼룩이 없는 화면을 구현하기 위해 광원과 광확산 필터를 조합해서 사용합니다. 이 경우에는 디스플레이 소비 전력의 상당량이 백라이트에 사용되며, 대형 TV의 경우에는 90%에 달하기도 합니다.

반면 스마트폰은 소비 전력을 최소화해야 하므로 반사 타입을 사용합니다. 반사타입이란 글자 그대로 화면으로 들어간 빛을 거울 같은 반사판으로 반사시켜 백라이트로 사용하는 기술입니다. 이 경우에는 당연한 말이지만 밤에 빛이 없는 환경에서는 사용할 수 없습니다.

따라서 자체 발광이 가능한 보조 광원이 반드시 필요합니다. 즉 반사 타입도 대부분은 자체 발광과 조합한 형태로 사용할 수밖에 없습니다.

한편 유기EL은 디스플레이뿐만 아니라 조명 장치로도 활용할 수 있습니다. 이 경우는 이상적인 면발광으로 사용할 수 있습니다. 아무래도 앞으로의 발광 패널은 점차 유기EL로 대체될 것으로 전망됩니다.

시야각의 개선

액정을 사용한 TV는 정면에서 볼 때 문제가 없지만, 대각선 방향에서 보면 콘트라스트가 나빠져서 색이 흐리게 보일 수 있습니다. 이는 액정 분자의 배향 때문에 나타나는 현상입니다.

즉 TN 셀의 액정 분자는 스위치 오프 상태(하얀색)에서 화면에 수평이므로 대각선 방향에서 봐도 눈에 들어오는 빛의 양에 큰 변화가 없습니다. 하지만 스위치를 켜면 분자가 화면 수직 방향으로 바뀝니다. 이 상태에서 대각선 방향에서 화면을 보면 빛이 번져 검게 보여야 할 곳이 회색으로 보입니다. 이것이 콘트라스트 저하의 원인입니다.

이러한 현상을 해결하기 위한 대책 중 하나가 IPS 방식(In-Plain Switching, 수평배열형)으로, 전극의 방향을 기존 대비 180도 바꾼 방식입니다. 기존 방식은 셀의 앞뒤에 전극을 배치해서 전기장이 화면의 수직 방향으로 형성되지만, IPS 방식은 셀의 좌우에 전극을 배치해서 전기장이 화면의 수평으로 형성됩니다.

따라서 IPS 방식에서는 액정 분자가 화면에 수평인 채 프로펠러처럼 회전합니다.

이로 인해 좌우 및 정면, 어느 방향에서 봐도 콘트라스트가 동일합니다.

액정 디스플레이의 시야 각도

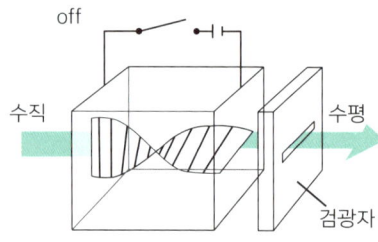

기존 TN 셀은 오프 상태에서 배열이
뒤틀리고, 빛은 투과된다.

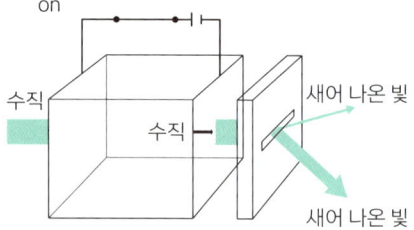

온 상태에서 배향은 화면의 직각 방
향이 되고, 빛은 차단된다. 하지만
대각선 방향에서 보면 빛이 새어 나
와 회색으로 보인다.

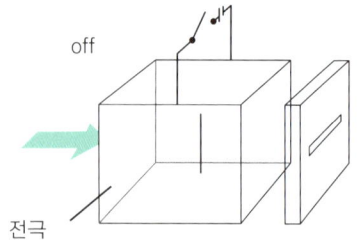

오프 상태라면 배향이 수직 방향이
므로 편광은 투과할 수 없다.

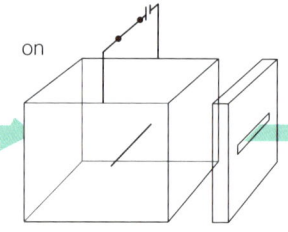

온 상태라면 배향이 수평 방향이므
로 편광이 투과할 수 있다.

액정 디스플레이의
장점과 단점

5-05

어떤 제품이든 반드시 장단점이 있다. 여기서는 액정 디스플레이의 장점과 단점에 대해 살펴본다.

액정 디스플레이는 현재 가장 많이 보급된 기술입니다. 그만큼 개선을 거듭해 거의 완성된 기술이라고 할 수 있습니다. 하지만 단점이 없는 것은 아닙니다.

장점

액정 디스플레이가 등장했을 당시에는 디스플레이라고 하면 두께가 수십 센티미터나 되는 브라운관 타입을 떠올렸습니다. 도저히 휴대할 수 없는 크기였습니다. 액정 디스플레이는 그런 디스플레이를 불과 몇 cm의 얇은 두께로 탈바꿈시켜 현재와 같은 가볍고 휴대할 수 있는 디스플레이를 실현하는 데 큰 공을 세웠습니다. 즉 경량화와 소형화가 액정 디스플레이의 가장 큰 장점입니다.

가볍고 얇은 디스플레이기 시회에 미친 영향은 아무리 강조해도 과하지는 않습니다. 예전에는 일반적으로 유선 전화를 사용했고, 외출한 사람과 연락할 때는 무선 호출기로 연락한 후에 전화가 오기를 기다려야 했습니다.

하지만 지금은 해외에 있어도 곧바로 연락할 수 있습니다. 사진 데이터도 촬영해서 곧장 보낼 수 있기 때문에 여행지에서 보는 경치를 가족에게 전송해 함께 즐길 수도 있습니다.

또한 지금 이 순간에 지구상에서 벌어지는 뉴스를 동영상으로 볼 수도 있습니다. 지구촌화와 세계화가 이렇게 급속히 진전된 것도 가볍고 얇은 디스플레이 덕분이라고 말할 수 있습니다. 많이 보급된 덕분에 대량 생산이 됐고, 따라서 가격 경쟁력이 뛰어나다는 장점도 있습니다.

단점

액정 디스플레이의 단점은 스스로 발광할 수 없다는 것입니다. 따라서 발광 패널이 꼭 필요합니다. 액정 패널과 발광 패널 두 장을 겹쳐서 사용해야 하므로 소형화와 경량화에 한계가 있습니다.

또한 발광 패널은 화면의 명암과 관계없이 항상 켜져 있습니다. 즉 전력 소모가 커서 오늘날 에너지 절약을 지향하는 사회 분위기와도 맞지 않습니다. 그리고 액체 상태인 액정이 들어간 셀은 액정 분자가 새어 나오지 않도록 기밀성을 높여야 해서 기술적으로나 소재 측면으로나 그만큼 부담이 가중됩니다.

마지막으로 복잡한 곡면과 같이 기밀성을 떨어트리는 디스플레이 디자인은 구현하기 쉽지 않습니다.

액정 디스플레이의 단점

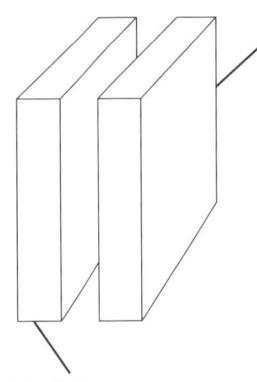

액정 패널

발광 패널
두껍고 무거우며 전력 소모가 크다.

액정은 19세기 말인 1888년에 발견됐는데, 유럽에서는 아르누보 양식이 유행했을 때이며 일본에서는 메이지 시대 중기였습니다. 액정이 미국 기술자의 아이디어에 의해 디스플레이로 개발된 것은 1965년쯤이며 일본의 샤프에 의해 실용화된 것은 1973년입니다.

● 액정의 과거

액정은 실용화되기 전까지 지난 80년 동안 특별한 가치를 찾지 못해 방치돼 있었습니다. 오늘날 액정의 위상을 본다면 당시 연구자들은 그야말로 반성해야 하지 않을까요? 하지만 연구나 발견은 원래 그런 것입니다. 발견자는 어떠한 도움이 되리라는 생각에 발견하는 것이 아니며, 연구자도 누군가에게 도움을 주고자 연구하지는 않습니다. 지금도 아무런 도움을 주지 못한 채 방치된 '대단한' 발견과 연구가 틀림없이 많을 것입니다.

쓸모를 찾지 못하고 방치되는 이유는 발견자나 연구자뿐만 아니라 사회의 모든 사람이 그 가치를 깨닫지 못했기 때문입니다. 이와 비슷한 사례로 제4장에서 살펴본 유연성 결정을 꼽을 수 있습니다. '액정의 닮은꼴'이라고도 부를 만하지만, 현재까지는 눈에 띄는 응용 사례가 없습니다. 전극에 응용하려는 시도가 있었지만 아직 성과는 없습니다.

다만 액정 디스플레이의 출현 이전에도 액정이 사용된 예는 있습니다. 앞서 살펴본 콜레스테릭 액정입니다. 이 액정은 분자가 나선형으로 쌓이는데, 한 바퀴 돌아 원래 각도로 되돌아오기까지의 거리(분자 수)가 온도에 따라 달라집니다.

이로 인해 콜레스테릭 액정에 빛을 통과시키면 간섭색이 변합니다. 이 컬러 변화를 이용해 내상의 온도를 가늠할 수 있습니다. 아이가 감기에 걸렸을 때 이마에 붙여 체온을 측정하는 간이 체온계가 대표적인 예입니다.

● 액정의 미래

액정은 라이벌이던 플라스마가 시장에서 철수한 이후에도 유기EL과 겨루며 건재한 모습을 보이고 있습니다. 하지만 액정의 존재 의의를 디스플레이에 국한 지어 생각하면 이는 지극히 단편적인 접근입니다. 액정 디스플레이에는 엄청난 기술이 담겨 있습니다. 그것은 바로 분자를 인간 뜻대로 움직인다는 기술입니다. 예전에는 경험하지 못했던 기술입니다.

개개의 원자를 움직이는 마법과 같은 기술은 40여 년 전에 개발됐습니다. 이 기술로 원자들을 나란히 세워 아인슈타인의 초상화를 그리기도 했습니다. 오늘날 액정 디스플레이는 분자 전체를 움직일 수 있습니다. 이런 기술이 과연 디스플레이 이외의 분야에서 활용될 가치가 없을까요?

● 액정 프리즘

예를 들면 액정을 아래 그림과 같은 프리즘 형태의 용기에 넣고 편광 A를 비춥니다. 그러면 편광은 각도 α_A로 굴절됩니다. 그다음으로 편광면이 90도로 회전된 편광 B를 비춥니다. 그러면 굴절 각도는 α_B가 됩니다.

이는 편광의 편광면에 각도 변화를 주면 프리즘의 굴절률을 자유롭게 조절할 수 있음을 의미합니다. 이런 원리를 렌즈에 응용하면 편광의 편광면을 바꾸는 것만으로도 초점 거리를 바꿀 수 있습니다.

▼ 액정 프리즘의 아이디어

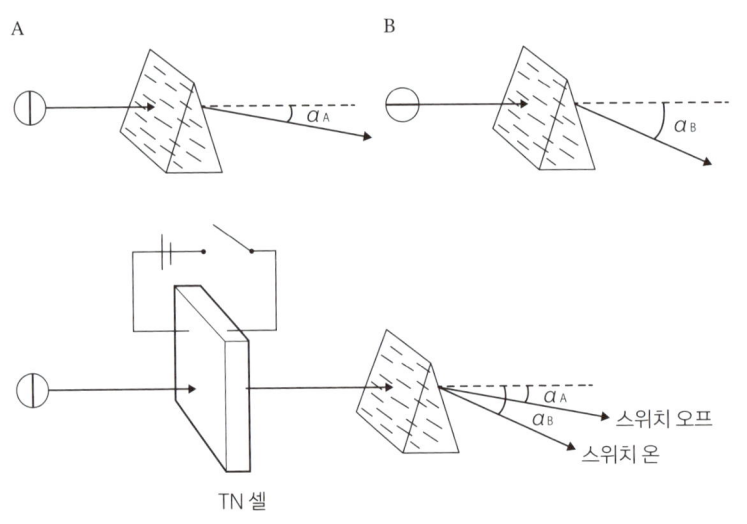

전자 종이

전자 종이를 위해 개발된 디스플레이 기술도 있다. 여기서는 전자 종이와 관련된 기술을 살펴본다.

액정 타입

액정을 이용한 전자 종이에는 몇 가지 종류가 있습니다. 여기서는 두 가지를 살펴보겠습니다.

■ 콜레스테릭 액정형

액정 타입의 전자 종이는 검은색 기판 위에 액정 패널을 겹쳐서 만듭니다. 콜레스테릭 액정 타입의 경우는 액정 패널에 콜레스테릭 액정을 넣습니다. 앞서 살펴봤듯이 이 액정은 나선형으로 층을 이루며 쌓이는 성질이 있습니다. 이 상태에서 액정은 빛을 반사합니다. 그래서 검은색 기판은 보이지 않고 화면이 하얗게 보입니다.(플레이너 상태)

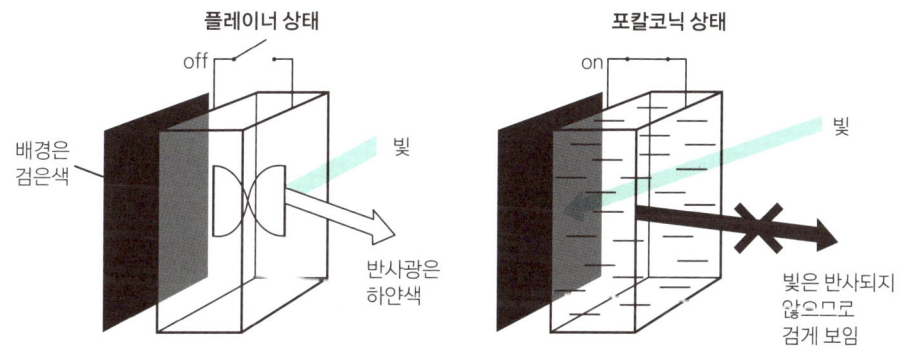

콜레스테릭 액정형

플레이너 상태
off
배경은 검은색
빛
반사광은 하얀색

포칼코닉 상태
on
빛
빛은 반사되지 않으므로 검게 보임

이 상태에서 화면의 특정 위치에 약한 전압을 넣으면, 액정 분자의 방향이 바뀌면서 빛이 통과합니다.(포칼코닉 상태) 즉 기판의 검은색이 보여서 문자나 그림을 표시할 수 있습니다.

이 상태는 전기장을 제거해도 유지됩니다. 즉 화면상에 쓴 글자는 지워지지 않고 남습니다. 하지만 일정 수준 이상의 전기장을 가하면 원래의 플레이너 상태로 돌아가면서 리셋되고 글자는 사라지며 화면은 하얗게 됩니다.

■ 고분자 분산 액정형

제7장에서 살펴볼 고분자 분산형 액정을 이용한 방식입니다. 전기가 통하지 않는 상태에서는 여러 방향의 마이크로 셀이 존재하므로 빛은 반사되고 화면은 하얗게 보입니다. 하지만 특정 위치에 전압을 가하면 그 위치의 모든 마이크로 셀의 액정 분자가 일정한 방향을 향하고, 빛이 투과되면서 그 부분이 검게 변해 글자가 표시됩니다. 이를 이용하면 얇고 유연성이 뛰어난 전자 종이를 개발할 수 있습니다.

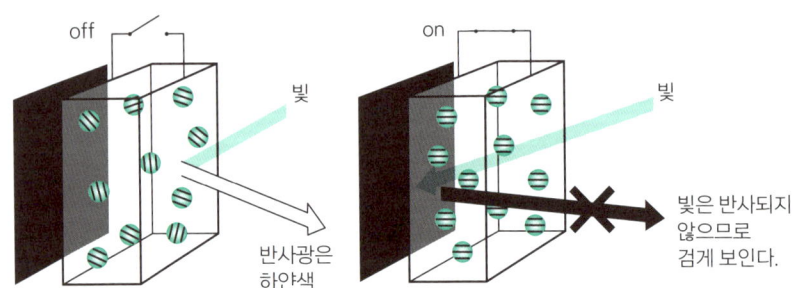

고분자 분산 액정형

마이크로 캡슐형

흑백의 미립자를 마이크로 캡슐로 이동시켜 글자를 표시하는 방식입니다. 마이크로 캡슐 내의 투명한 액체에 검은색(마이너스 전하)과 하얀색(플러스 전하) 미립자를 넣어 위의 투명 전극과 아래의 불투명 전극 사이에 끼웁니다. 전기를 넣어 투명 전극이 플러스가 되면 마이크로 캡슐 내의 검은색 입자가 표면으로 떠올라 검게 보이

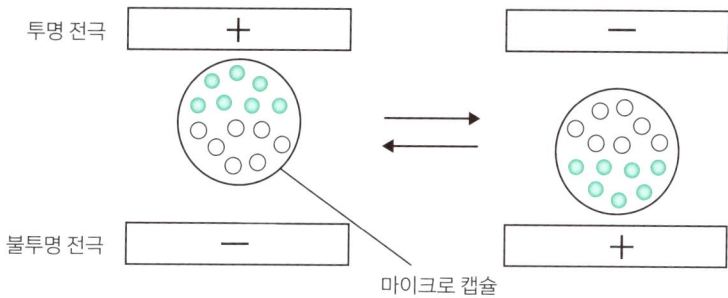

투명 전극

불투명 전극

마이크로 캡슐

고, 마이너스가 되면 하얀색 입자가 떠올라 하얗게 보입니다.

이 방식은 시야각이 넓고 콘트라스트가 높을 뿐만 아니라 이미지를 유지하는 데 전력이 필요 없다는 장점이 있습니다.

토너형

흑백의 미세 분말을 공기 중으로 이동시켜 글자를 표시합니다. 작은 셀 안에 마이너스 전하를 띤 검은색 미세 분말(토너)과 플러스 전하를 띤 하얀색 미세 분말을 넣습니다. 나머지는 마이크로 캡슐형과 동일합니다.

투명 전극 쪽이 플러스가 되면 검은색 미세 분말이 투명 전극에 흡수돼 검게 변하고, 마이너스가 되면 하얀색 미세 분말이 흡수돼 하얗게 됩니다. 이 방식은 미세 분말이 액체가 아닌 공기 중을 이동하므로 응답성이 빠릅니다.

토너형

한때 화제를 모았던 입체 영상용 3D TV는 어느새 자취를 감췄지만 3D 영화는 현재도 건재한 모습입니다. 이번에는 영상을 입체 시각화하는 기술이 무엇인지 살펴보겠습니다.

● 입체 시각화의 원리

우리는 두 눈으로 물체를 봅니다. 오른쪽 눈으로 본 물체와 왼쪽 눈으로 본 물체는 그 모양이 미묘하게 다릅니다. 그 차이를 이용해 물체 각 부분의 거리를 관측합니다. 따라서 두 눈의 간격이 넓을수록 거리를 정확히 측정할 수 있습니다.

레이더가 없던 옛날, 전함은 적함과의 거리를 측거의라는 장치로 측정했습니다. 측거의는 거대한 쌍안경과 생김새가 비슷하며, 옛 전함에 설치된 측거의는 양쪽 렌즈의 간격이 15m나 됩니다. 이것으로 표적의 거리를 측정하고 포탄의 착지점을 가늠했습니다.

3D 영화의 원리도 이와 같습니다. 양쪽 눈에 다른 이미지를 보여주는 방식입니다. 양쪽 눈의 이미지를 뇌에서 합성하고, 그 차이로 자신과 영상 각 부분의 거리를 추정해 입체로 영상을 조합합니다.

▼ 입체 시각의 원리

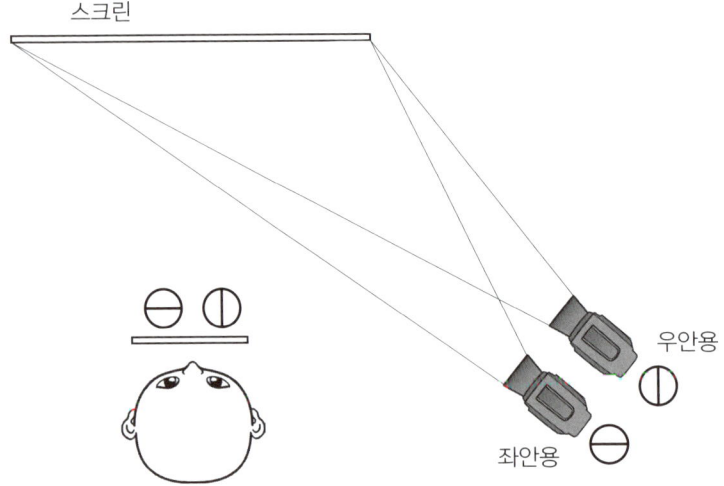

3D 영화를 구현하는 가장 쉬운 방법은 오른쪽 눈에 보이는 영상은 빨간색, 왼쪽 눈에 보이는 영상은 파란색으로 보이게 하는 것입니다. 즉 오른쪽은 빨간색, 왼쪽은 파란색 렌즈가 들어간 안경을 쓰면 됩니다. 그러면 오른쪽 눈에는 파란색 영상이 사라지고 빨간색 영상만 보이며, 왼쪽 눈에는 빨간색 영상이 사라지고 파란색 영상만 보여 입체적인 영상을 시청할 수 있습니다.

하지만 이 방법으로는 영상을 컬러로 볼 수 없습니다. 이때 이용하는 것이 바로 편광입니다. 오른쪽 눈에 보이는 영상을 수직 방향의 진동면을 가진 편광으로 투영하고, 왼쪽 눈에 보이는 영상은 수평 방향 진동면을 가진 편광으로 투영합니다. 관객은 오른쪽 눈에 수직 방향 편광 렌즈, 왼쪽 눈에 수평 방향의 편광 렌즈가 들어간 안경을 쓰고 관람합니다. 그러면 오른쪽 눈에는 우안용 영상만, 왼쪽 눈에는 좌안용 영상만 도달해서 입체적인 영상을 볼 수 있습니다.

▼ 입체 안경의 원리

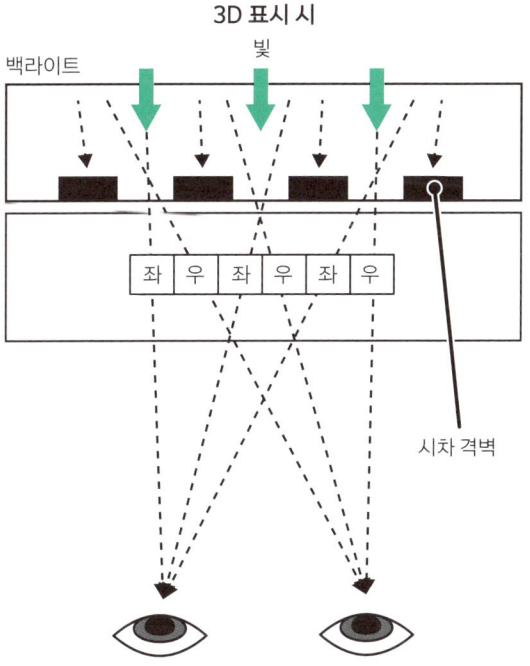

시차 격벽

TV에서는 다른 방법을 사용합니다. TV 특유의 잔상을 이용하는 방식입니다. 즉 우안용 영상과 좌안용 영상을 순식간에 번갈아 비추는 방식입니다. 그리고 액정을 이용한 렌즈가 장착된 안경을 쓰고, 우안용 영상이 나올 때는 왼쪽 눈을 가리고, 좌안용 영상이 나올 때는 오른쪽 눈을 가립니다.

하지만 이 방법은 TV의 영상 전환과 안경의 액정 움직임이 완전히 일치해야 해서 안경 가격이 비싸지는 단점이 있습니다. 빛의 진행 방향을 제어해 오른쪽 눈에는 우안용 영상이, 왼쪽 눈에는 좌안용 영상이 도달하도록 조절합니다.

● 안경을 사용하지 않는 방법

하지만 안경을 쓴다는 것은 귀찮기도 하고 안경 없이는 3D 영상을 볼 수 없습니다. 그래서 개발된 것이 안경 없이 3D 영상을 시청하는 장치입니다.

우안용 영상과 좌안용 영상을 동시에 비추고, 시차 격벽이라는 필터로 백라이트의 진행 방향을 제어해서 오른쪽 눈과 왼쪽 눈에 각각 우안용 영상과 좌안용 영상이 도달하도록 합니다.

● 듀얼뷰 TV

앞에서 소개한 원리를 이용하면 모니터 하나로 전혀 다른 두 영상을 볼 수 있습니다. 자동차에 적용하면, 모니터 한 대로 운전자는 내비게이션을 보고, 조수석의 동승자는 TV 프로그램을 시청할 수 있습니다. 이런 TV를 듀얼뷰 TV라고 합니다.

▼ 듀얼뷰 TV의 원리

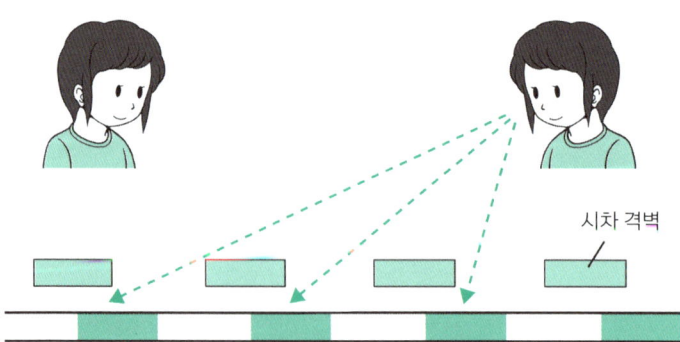

시차 격벽

발광 다이오드(LED)

여기서는 기타 표시 방식의 하나로 먼저 발광 다이오드, 즉 LED에 대해 살펴본다.

    오늘날은 표현의 시대라고 이야기합니다. 내용도 중요하지만, 그에 못지않게 프레젠테이션 능력 또한 중요합니다. 아무리 내용이 좋아도 발표가 서툴면 보는 사람들에게 외면당하기 십상입니다.

    LED는 요즘 자주 듣는 용어로, Light Emitting Diode의 약자이며 발광 다이오드라고 번역합니다. 다이오드란 라틴어에서 숫자 2를 의미하는 di와 영어에서 전기가 통하는 길을 의미하는 ode의 결합어이며, 두 개의 전극(단자)을 가진 반도체 소자, 즉 **2단자 반도체 소자**를 뜻합니다.

주기율표로 보는 p형 반도체와 n형 반도체

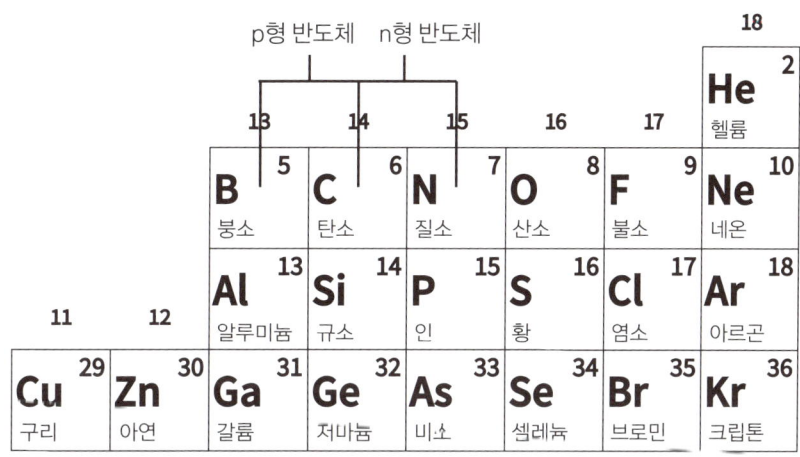

p형 반도체와 n형 반도체

반도체 종류는 다양하지만 보통 **p형 반도체**와 **n형 반도체**로 구분합니다.(앞 페이지 참고) p형 반도체와 n형 반도체는 서로 쌍을 이뤄 특유의 기능을 발휘하며, 대표적인 예로 최근 주목을 받고 있는 태양전지를 들 수 있습니다.

구체적으로는 주기율표에서 14족 원소, 즉 가전자가 네 개인 탄소(C), 규소(Si), 저마늄(Ge)이 중심입니다. 14족 원소와 그보다 가전자가 적은 13족 원소를 섞으면 가전자 수가 14족보다 적은 전자 부족 상태(양이온형, positive형)의 p형 반도체가 됩니다.

반대로 14족보다 가전자가 많은 15족 원소를 섞으면 가전자 수가 과잉된 상태(음이온형, negative형)의 n형 반도체가 됩니다.

LED

LED란 전자적으로 성질이 전혀 다른 두 종류의 반도체를 접합한 **복합 반도체**입니다. 이 두 종류의 반도체는 가전자가 부족한 p형 반도체(가전자가 네 개 이하인 경우)와 가전자가 많은 n형 반도체(가전자가 네 개 이상인 경우)를 말합니다. 두 반도체를 접합하고 여기에 단자(도선)를 연결하면, LED의 기본 구조가 완성됩니다.

LED의 구조

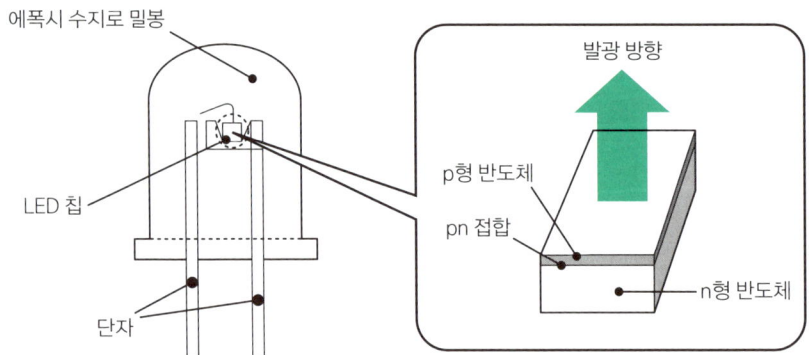

에폭시 수지로 밀봉

LED 칩

단자

발광 방향

p형 반도체

pn 접합

n형 반도체

LED에 전류를 흘리면 전자가 n형 반도체에서 p형 반도체로 이동하고, pn 접합면에 도달하면 빛이 납니다. 파란색 LED의 개발이 상대적으로 늦어졌지만, 현재 발광색은 빨간색·초록색·파란색, 즉 빛의 삼원색을 모두 구현할 수 있어 풀 컬러 디스플레이가 가능해졌습니다.

LED의 발광은 전구의 발광에 비해 다음과 같은 장점이 있습니다.

① **발열이 일어나지 않는다.** (냉광인 경우도 있음)

② **수명이 길다.** (전구의 10배 정도)

③ **소비 전력이 적다.** (전구의 1/10 정도)

④ **응답 시간이 짧다.** (전구의 1/100만 정도)

LED는 점 광원으로 사용하기에 성능이 매우 뛰어나며 따라서 적당히 배열하면 다양한 표시 수단으로 활용할 수 있습니다. 또한 삼원색 LED를 각각 모아 소자 하나로 만들면 액정 디스플레이의 하얀색 발광 패널로도 이용할 수 있습니다. 야외에 설치된 대형 풀 컬러 전광판의 대부분이 이 방식을 따릅니다.

LED의 발광 원리

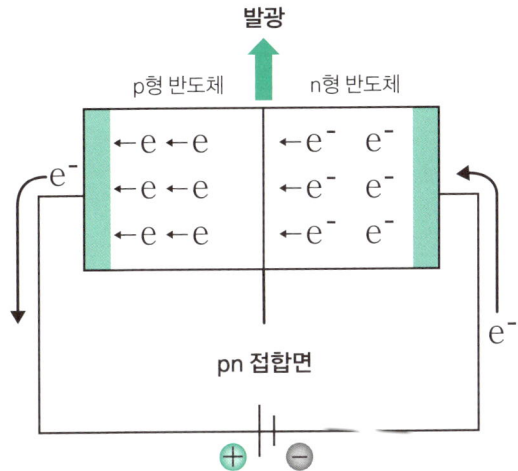

새로운 기술이 등장하면 기존의 낡은 기술은 서서히 자취를 감춥니다. 디스플레이 분야도 그렇고 정보 전달 방식도 마찬가지입니다. 굳이 만리장성 시대의 봉화 이야기를 하지 않더라도 불과 100년 전까지만 해도 모스 신호로 정보를 주고받았습니다.

영상 분야에서는 환등기가 비추는 정지 화면에서 시작해, 점차 동영상으로 발전해 왔습니다. 초기 영화는 소리가 없는 무성영화였고, 변사라는 해설자가 음성으로 내용을 전달했습니다. 이후 음성이 포함된 영화가 보편화되면서 오늘날과 같은 영화 형태가 자리 잡았습니다.

한편 정보 통신 수단으로는 전화와 라디오가 등장했고, TV로 넘어온 것은 제2차 세계대전이 끝난 이후였습니다.

TV는 텔레비전(television)의 줄임말입니다. TV는 흔하지 않았을 뿐만 아니라 매우 고가여서 일반 서민은 구경하기조차 힘들었습니다.

대형 가전제품 판매점, 백화점 가전 코너 혹은 공원에 TV가 설치되면 수많은 인파가 모여 당시 프로야구 경기나 유명 프로레슬링 선수의 경기에 열중했습니다. 당시 TV는 흑백 브라운관 방식이었으며 화면 크기는 대부분 14인치 정도였습니다.

브라운관이라는 명칭은 발명자인 독일 기술자 **카를 페르디난트 브라운**에서 유래했습니다. 브라운관은 유리로 된 진공관의 일종으로 전자빔을 형광체에 쏘아 빛을 내는 장치이며,

▼ 제2차 세계대전 이후 보급된 일본의 가정용 TV

전자빔을 빠르게 이동시켜 화면을 표시합니다.

퍼넬(깔때기)로 불리는 진공관 내부의 전자총으로 전자빔을 발사합니다. 양극에 인가된 높은 전압에 의해 가속된 전자가 형광체를 바른 형광면에 충돌하면 형광체가 발광하는 원리입니다. 전자빔은 전기장 또는 자기장으로 조절할 수 있고, 형광면을 1초에 수백 번 왕복하며 화면을 표시합니다. 이 왕복 횟수를 주사선이라고 합니다.

브라운관의 재질은 유리이며, 지금 생각하면 거대한 진공관이기 때문에 TV 전체의 크기도 컸을 뿐만 아니라 무게도 수십 킬로그램이나 나갔습니다. 가정에서는 일종의 가구와 같은 위치였습니다.

흑백 TV도 컬러 TV로 발전했는데, 당시 모 회사가 발매한 '**기도 컬러**'(Kido Color)라는 제품명은 걸작으로 평가받습니다. 화면이 밝고 아름답다는 의미의 '**휘도**'와 형광체로 사용한 '희토류'를 동시에 의미하는 상품명이었습니다. 희토류는 주기율표의 3족 원소를 의미합니다. 즉 기도 컬러는 희토류를 이용한 컬러 TV였던 것입니다.

그러다가 30여 년 전에 갑자기 액정 타입과 플라스마 타입이 등장하면서 두께 10cm, 화면 크기 40~50인치라는 초박형 TV가 선을 보였으며, 소비자들에게 큰 반향을 일으켰습니다. 현재 브라운관 TV는 시장에서 완전히 사라졌습니다.

▼ 브라운관의 구조

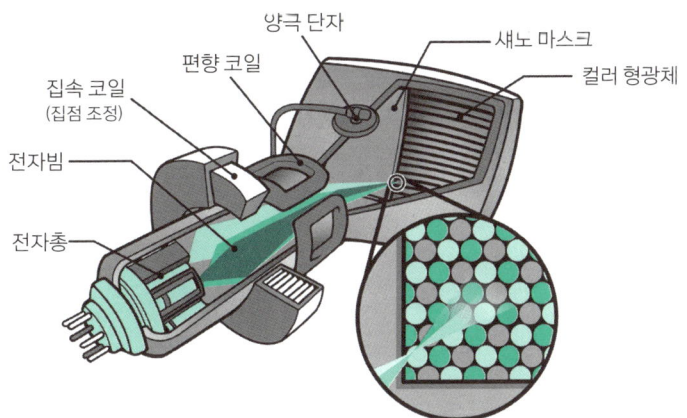

양극 단자
편향 코일
집속 코일
(집점 조정)
전자빔
전자총
섀노 마스크
컬러 형광체

컬러 형광체를 안쪽에서 본 확대도

형광 표시관

형광 표시관은 일본 고유의 기술로 현재도 다양한 곳에서 활용된다. 그 특징과 용도 등에 대해 간단하게 살펴본다.

지하철 승차권 발매기나 자동판매기의 요금 표시판, 전자계산기 등 화면에 숫자를 표시하는 장치는 우리 주변에서 쉽게 접할 수 있습니다. 여기에 사용되는 디스플레이 장치를 액정 표시로 알고 있는 사람이 많은데, 실은 **형광 표시관**(VFD, Vacuum Fluorescent Display)이라고 불리는 장치입니다.

이 장치는 1966년에 이세전자공업(현재의 노리타케이세전자)의 나카무라 다다시 박사가 발명한 기술입니다. 가전제품에서 몇 줄의 글자나 숫자가 청백색으로 빛나는 디스플레이 대부분은 액정이나 LED가 아니라 형광 표시관입니다.

해외에서 발명된 액정 디스플레이의 특허료가 비쌌던 시절, 즉 1970년대에 계산기용 디스플레이로 사용하기 위해 여러 회사가 경쟁적으로 VFD를 채택하면서 기술이 발전했습니다.

초기 VFD

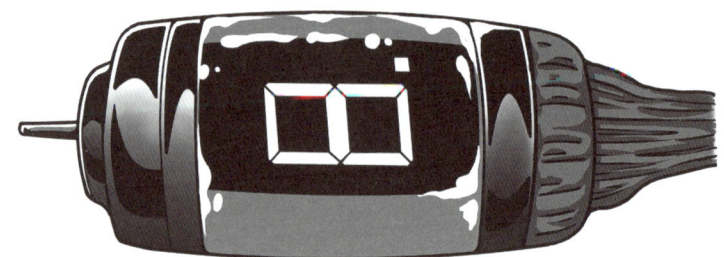

초기에는 유리 재질의 진공관으로 한 자리 숫자만 표시할 수 있었지만, 지금은 평면형으로 여러 개의 숫자와 기호를 표시할 수 있게 발전하면서 사용처도 확대됐습니다.

형광 표시관은 전자를 방출하는 음극과 그것을 받는 양극, 전자를 제어하는 그리드 전극으로 이뤄진 일종의 삼극관이며 진공관의 일종입니다. 음극에서 나온 전자는 그리드 전극에서 가속 및 제어되고 양극에 있는 형광체(표시 소자)와 충돌해서 빛을 냅니다.

개발될 당시만 해도 초록색 발광만 가능했지만 지금은 빨간색부터 파란색까지 아홉 가지 색상 정도가 상품으로 나왔으며 이들 색을 섞어서 하얀색도 낼 수 있습니다.

형광 표시관의 특징은 다음과 같습니다.

- 형광면에서 발광하므로 시야각이 뛰어나다.
- 자발광 표시 소자이므로 콘트라스트비가 뛰어나다.
- 액정은 저온에서 성능이 떨어지지만 형광 표시관은 온도의 영향이 거의 없다.
- 제조 비용이 저렴하다.
- 수명이 길다.

반면에 다음과 같은 단점도 존재합니다.

- 장시간 같은 곳을 발광시키면 형광체가 열화해 번인 현상이 생긴다.
- 응답 속도가 빨라서 표시가 깜빡거린다.
- 항상 음극으로 전류가 흘러야 하므로 소비 전류가 커서 배터리 구동 장치에는 적합하지 않다.

액정 렌즈

앞에서 살펴본 액정 프리즘을 사용하면 초점 거리를 연속적으로 변화시킬 수 있는 액정 렌즈를 만들 수 있습니다. 즉 이러한 렌즈를 카메라에 사용하면 필름 면까지의 초점 거리를 렌즈 길이로 조절할 필요가 없다는 의미입니다.

렌즈의 위치를 고정해도 초점 거리를 자유자재로 바꿀 수 있습니다. 이것은 단지 하나의 예이지만, 만약 '분자를 움직일 수 있다'면 더 대단한 일도 실현할 수 있지 않을까요? 액정은 디스플레이로만 활용하기에 너무나 아까운 기술입니다.

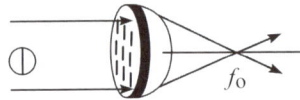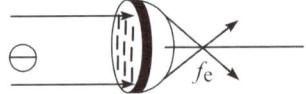

▼ 액정 렌즈의 아이디어

제6장

양자점
디스플레이

양자점은 쉽게 말해 인공 원자라고 할 수 있다. 다만 실제 원자처럼 화학 결합이나 원자핵 반응은 일으키지 못한다. 현재까지는 에너지와 빛의 상호 변환 기능에 집중하고 있다. 빛을 비추면 에너지를 생성하므로 태양전지로 활용할 수 있고, 반대로 에너지를 주입하면 빛을 내므로 디스플레이 기술에도 응용된다. 유기EL 뒤를 잇는 차세대 기술로 양자점의 시대가 다가오고 있다. 어쩌면 불과 얼마 남지 않은 이야기일지도 모른다.

양자점이란 무엇인가?

6-01

양자점은 무기물로 이뤄진 작은 입자다. 지름은 대략 10nm로 원자 지름의 수십 배 정도이기 때문에 한 개의 점은 1만 개 정도의 원자 덩어리인 셈이다.

양자점이란?

양자점은 전자를 작은 점 형태의 입자 안에 가두는 성질이 있습니다. 갇힌 전자는 적절한 에너지(ΔE)를 받으면 그 에너지를 흡수해 고에너지 상태(여기상태)가 됩니다. 즉 양자점 자체가 에너지를 흡수해 고에너지의 여기상태가 되는 것입니다. 이때 흡수한 에너지는 전기에너지든 빛에너지든 상관없습니다.

하지만 일반적으로 여기상태는 불안정하므로 양자점은 여분의 에너지(ΔE)를 방출해 원래의 저에너지 상태인 기저상태로 돌아갑니다. 즉 양자점은 원자와 같은 성질을 가지고 있습니다. 양자점을 **인공 원자**라고 부르는 이유입니다.

이때 방출하는 에너지는 다양한 형태를 띱니다. 열에너지로 방출할 경우에는 실용성이 크지 않을지 모르지만, 빛에너지를 흡수해 전기에너지로 방출하면 곧바로 태양전지로 활용할 수 있습니다. 실제로 양자점을 이용한 **양자점 태양전지**는 미래의 고효율 태양전지로 기대를 모으고 있습니다.

반대로 전기에너지를 흡수해 빛에너지로 방출하면, 수은등의 수은 원자와 네온사인의 네온 원자처럼 발광 장치로 활용할 수 있습니다. 이번 장의 주제인 **양자점 디스플레이**는 이런 원리를 이용합니다.

양자점 성질의 설정

양자점의 뛰어난 점은 여기상태를 위해 필요한 에너지와 기저상태로 돌아갈 때 방출하는 에너지를 인간이 자유롭게 설정할 수 있다는 것입니다. 즉 수은이나 네온이라는 천연 원자는 이러한 에너지(ΔE)가 물질 고유의 특성으로 정해져 있지만, 양자점을 이용하면 인간 마음대로 제어할 수 있습니다.

요컨대 양자점을 구성하는 물질을 선택하고, 지름을 나노미터 단위로 제어해서 에너지 특성을 자유롭게 설정할 수 있다는 의미입니다.

양자점의 이미지

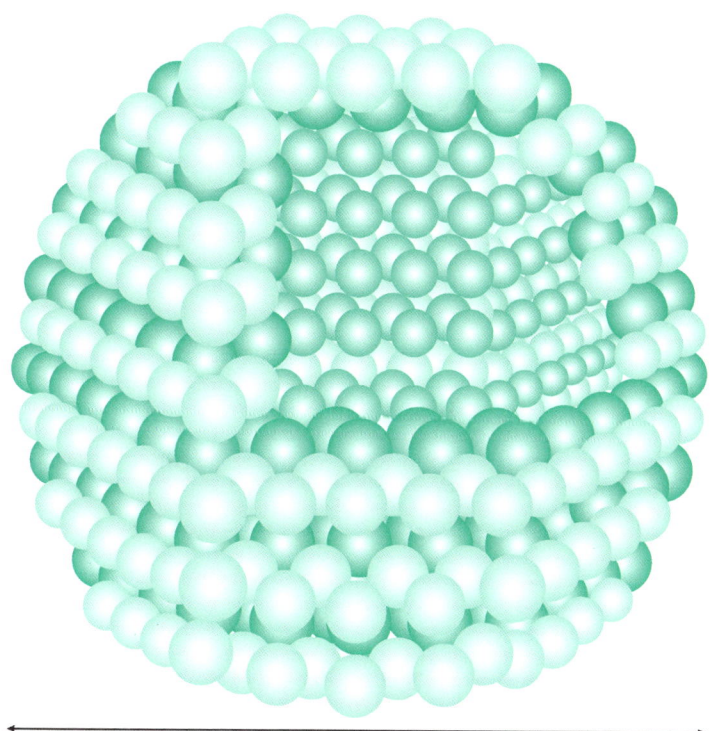

지름 10nm(약 원자 10^4개)

양자점 제조법

양자점은 이미 반도체로서 정보 분야와 레이저 분야에서 응용되고 있습니다. 원료 및 제조법도 다양하게 개발되고 있습니다. 그 대표적인 예들을 살펴봅시다.

■ 원료 원소

단일 원소로 만든 것과 여러 종류의 원소를 섞은 것이 있습니다. 단일 원소로는 실리콘(규소 Si)으로 만들어진 Si 양자점이 잘 알려져 있습니다. 여러 종류의 원소를 이용한 것으로는 카드뮴(Cd)과 비소(As)로 만든 CdAs 양자점, 인듐(In)과 갈륨(Ga)과 비소(As)로 만든 InGaAs 양자점 등이 있습니다.

■ 제조법

제조 방법도 몇 가지가 개발돼 있습니다.

〈도금법〉

실리콘 웨이퍼에 니켈을 도금하면, 니켈이 미립자로 석출되는 현상을 이용한 제조법입니다.

〈불활성화 기판법〉

불활성화된 기판에 전자빔을 비추면 해당 부분만 불활성막이 파괴됩니다. 여기에 금속을 진공 증착하면 파괴된 부분에만 금속이 퇴적돼 양자점이 형성됩니다.

〈액적 에피택시법〉

여러 종류의 원소를 사용한 제조법입니다. 먼저 구성 원소 중에 녹는점이 낮은 원소를 기판 위에 빔으로 분사해서 액체 방울을 만듭니다. 그리고 녹는점이 높은 원소를 액체에 분사해 결정화시킵니다.

〈도금법〉

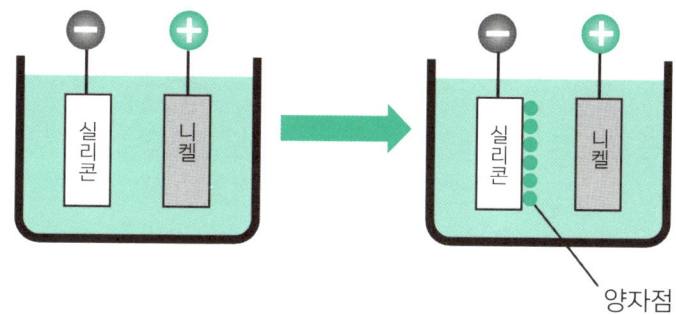

〈불활성화 기판법〉

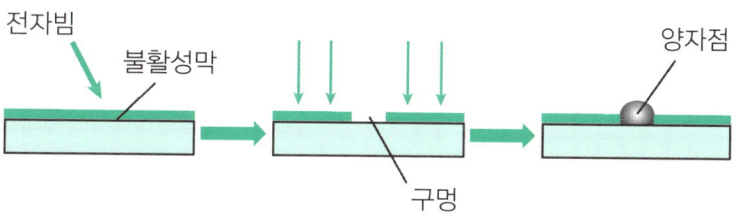

〈액적 에피택시법〉

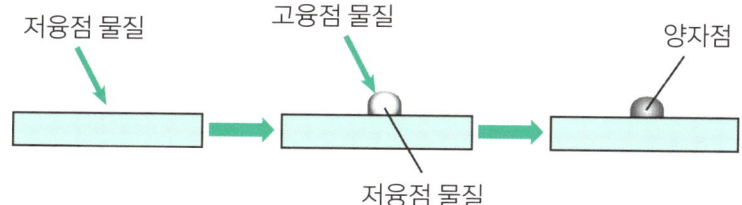

양자점 태양전지

양자점 태양전지는 현존하는 태양전지 중에서 성능이 최고입니다. 변환 효율은 이론적으로 75%라고 알려졌습니다. 양산형 실리콘 태양전지의 변환 효율이 20%임을 감안하면 3배 이상의 뛰어난 성능을 자랑합니다.

또 양자점은 지름 및 입자 밀도를 조절해 흡수하는 빛의 파장 영역을 자유롭게 설정할 수 있습니다. 따라서 하나의 양자점 태양전지로 태양광의 모든 파장 영역을 흡수할 수 있습니다. 이는 현재 주목받고 있는 다중접합형(탠덤형) 태양전지의 성능을 태양전지 하나로 대체할 수 있다는 것을 의미합니다.

양자점 태양전지의 원리는 복잡하지만 구조는 매우 단순합니다. 금속 전극 위에 실리콘 기판을 놓고, 그 위에 양자점을 증착한 후, 마지막에 ITO 같은 투명 전극을 덧대면 완성입니다.

이렇게 만든 양자점 태양전지는 이미 시제품이 나와 있으며 변환 효율은 약 15% 수준입니다. 향후 개량을 거듭하면 75%에 근접할 것으로 전망됩니다.

양자점 태양전지의 구조

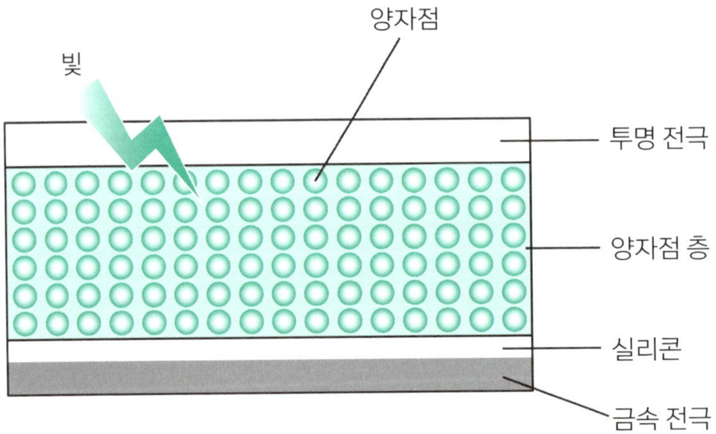

양자점

빛

투명 전극

양자점 층

실리콘

금속 전극

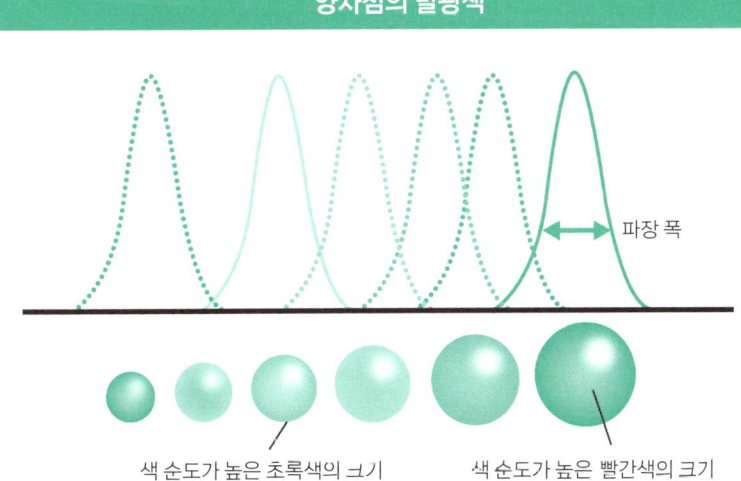

양자점의 발광

6-02

양자점의 발광 원리는 수은등의 수은 원자나 네온사인의 네온 원자 또는 청색 발광 LED의 발광 원리와 같다.

양자점의 발광색

수은이 푸르스름한 빛을 발하고, 네온이 불그스름한 빛을 내는 것은 여기 에너지의 크기에 따릅니다. 그리고 여기 에너지의 크기는 각각의 원자에 따라 다르므로 인간이 어떻게 할 수 없는 영역입니다. 수은에 불그스름한 빛을 내달라고, 또는 네온에 푸르스름한 빛을 내달라고 부탁한다고 될 문제가 아닙니다.

하지만 양자점은 친절하게도 결정의 크기를 바꾸는 것만으로 원하는 색상을 얻을 수 있습니다. 결정의 크기를 세밀하게 조절하면, 색의 순도가 높은 아름다운 빛을 만들 수 있습니다.

양자점의 발광색

파장 폭

색 순도가 높은 초록색의 크기

색 순도가 높은 빨간색의 크기

양자점의 발광 메커니즘

아래 그림으로 파란색 LED의 발광 원리를 간단히 정리했습니다. 기저상태의 LED에 전기에너지(ΔE)를 가하면, LED는 그 에너지를 흡수해 여기상태가 됩니다. 이후 기저상태로 돌아가면서 처음에 흡수한 ΔE를 파란색 빛으로 방출합니다.

이 방출된 빛을 초록색과 빨간색 양자점이 각각 흡수하면 고에너지 상태가 됩니다. 그러면 다시 여기상태가 되고 일시적으로 안정됩니다.

파란색, 초록색, 빨간색, 세 가지 색의 여기상태 에너지 순위를 비교하면 **파장의 역순**, 즉 **파란색** > **초록색** > **빨간색**입니다. 요컨대 초록색과 빨간색 양자점은 여기 상태에 필요한 에너지보다 많은 에너지를 파란색 빛(에너지)에서 흡수하므로 남는 에너지를 진동에너지(열에너지)로 방출합니다. 그림의 물결선이 해당 에너지입니다.

이렇게 초록색과 빨간색의 여기상태에 이른 양자점은 에너지를 초록색과 빨간색 빛으로 방출합니다.

양자점 발광의 원리

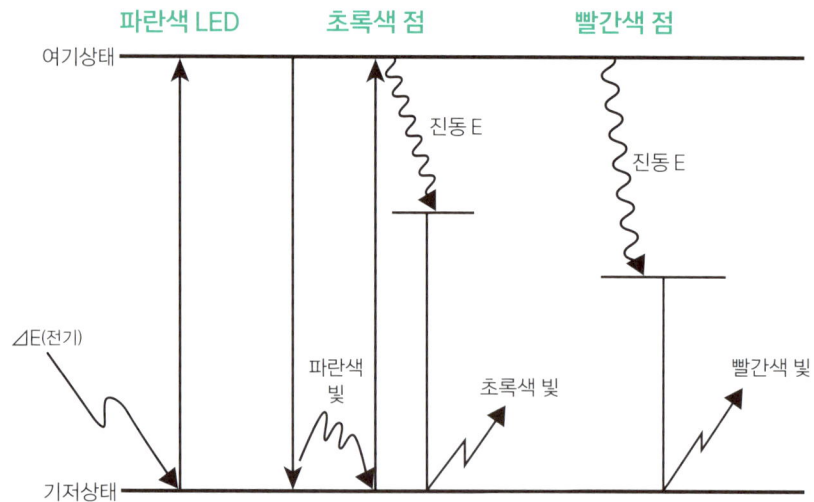

이와 같이 파란색 다이오드와 두 종류의 양자점만 있으면 빛의 삼원색을 만들 수 있습니다. 그리고 이 삼원색을 적당한 비율로 섞으면 모든 색의 빛을 만들어낼 수 있습니다. 이것이 양자점 디스플레이의 원리입니다.

발광색의 순도

아래 그림은 기존 디스플레이에 사용하던 광원의 파장 대역과 양자점의 발광 파장 대역을 비교한 것입니다. 지금까지는 초록색과 빨간색의 분리가 명확하지 않아 두 색을 혼합할 경우, 정확한 색 구현이 어려워 광원으로 사용할 수 없었습니다. 억지로 사용하면 색 분리가 나쁜, 즉 흐릿한 색상이 나타납니다.

이에 반해 양자점을 활용한 광원은 삼원색이 이상적인 간격을 유지하며, 각각의 색도 이상적인 파워를 갖추고 있습니다. 이런 특성 덕분에 디스플레이의 광원으로 매우 이상적이라고 할 수 있습니다.

발광색의 순도

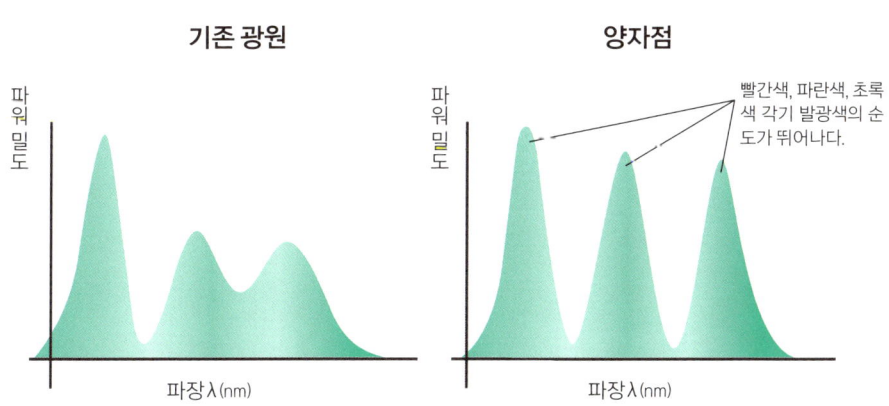

양자점 디스플레이의 종류

현재 진정한 의미의 양자점 디스플레이는 아직 판매되고 있지 않다. 판매되고 있는 제품은 기존 액정 TV의 백라이트에 양자점을 활용한 타입이며 유기EL TV도 양자점 사용을 조금 씩 늘리고 있는 실정이다.

일본에서는 1960년에 컬러 TV를 발표했습니다. 유리로 만든 대형 진공관인 브라운관을 사용했으며, 화면은 14인치였고 가로세로가 50cm나 되는 크고 무거운 가전제품이었습니다. 컬러 발광체에 희소 금속의 일종인 희토류 원소를 사용해 '기도 컬러'라는 별칭으로 출시한 회사도 있었습니다. 그 후 2000년대에 이르러 초박형 TV가 등장했고, 액정 TV와 플라스마 TV가 인기를 끌다가 플라스마 타입은 자취를 감추었습니다. 지금은 유기EL TV가 그 자리를 대체한 상황에서 양자점 기술을 활용한 TV가 맹렬히 추격 중입니다.

초박형 TV의 작동 원리

플라스마 타입은 아주 작은 형광등이 발광체 역할을 하고, 유기EL 타입은 유기EL이 발광체 역할을 합니다. 하지만 액정 타입의 발광체는 액정이 아닙니다. 액정은 스스로 빛을 내지 못하며, 오히려 빛을 차단해 이미지를 표현하는 방식입니다.

즉 액정 TV는 '두 장의 패널'로 구성됩니다. 한 장은 백색광을 내는 발광 패널이고, 다른 한 장은 액정 분자와 삼색 필터가 포함된 액정 패널입니다. 이 두 패널이 함께 작동해서 영상과 색상을 구현합니다.

반면에 유기EL 타입은 유기EL 자체가 발광체이므로 액정처럼 발광 패널이 필요 없습니다. 따라서 패널은 한 장뿐이며, 그만큼 TV를 얇게 만들 수 있습니다. 또한 검은 화면의 경우에는 전기를 소모하지 않아서 그만큼 에너지도 절약이 됩니다.

양자점 디스플레이의 발광 원리

양자점 디스플레이는 이미 시판되고 있지만, 일반적으로 '양자점 액정 디스플레이'로 불리는 제품이며 작동 원리가 액정 디스플레이와 동일합니다. 즉 액정 디스플레이의 발광 패널을 양자점 발광 패널로 대체한 형태입니다.

발광 원리는 앞서 살펴본 바와 같이 파란색 다이오드가 내는 빛으로 양자점을 여기시켜 발광하는 방식입니다. 현재는 다음 네 가지 방식이 개발돼 있습니다.

① 백라이트 도광판의 빛이 들어오는 부분인 입광부에 양자점을 봉입한 유리관을 배치하는 방식(에지라이트형이라고 불림)
② 양자점을 혼합해 만든 시트(양자점 시트)를 백라이트의 사출면에 배치하는 방식
③ 파란색 LED 발광면에 양자점을 배치해 광원으로 사용하는 방식
④ 기존 컬러 필터 대신에 양자점을 사용하는 방식

초기에는 ①번 에지라이트 방식이 사용됐으나, 기술이 발전하면서 전 세계적으로 ②번 양자점 시트(QDEF)를 사용하는 방식이 시장의 주류로 자리 잡았습니다. 이 기술은 삼성전자를 필두로 한 주요 TV 제조사들이 QLED라는 이름으로 마케팅하며 널리 알려졌고, 현재 글로벌 양자점 디스플레이 시장의 대부분을 차지하고 있습니다. 한국 기업들은 QLED TV 시장을 선도하며 기술 발전을 이끌어왔습니다.

한편, ④번 양자점 컬러 필터 방식은 한 단계 발전한 기술로 평가받습니다. 한국의 삼성디스플레이가 2021년 말 양산에 성공한 후, 2022년부터 이 기술을 적용한 QD-OLED TV와 모니터가 본격적으로 세계 시장에 출시됐습니다. QD-OLED는 자발광 소자인 OLED의 장점과 양자점의 넓은 색역을 결합해 뛰어난 화질을 구현하며, 프리미엄 TV 및 모니터 시장에서 빠르게 점유율을 높여가고 있습니다. 따라서 현재 전 세계 양자점 디스플레이 시장은 ②번 방식의 QLED가 대중적인 시장을 이끌고, ④번 방식의 QD-OLED가 프리미엄 시장의 성장을 견인하는 구도입니다.

양자점 액정 디스플레이의 기본과 구조

현재 시중에 판매되고 있는 양자점 디스플레이는 엄밀히 말하면 액정 디스플레이다. 하지만 가까운 미래에 유기EL 디스플레이의 유기EL을 양자점으로 대체한 진정한 의미의 양자점 디스플레이가 본격적으로 등장할 전망이다. 이로 인해 더 선명하고 순도 높은 색 표현이 가능해질 것이다.

양자점 액정 디스플레이는 양자점의 활용 범위가 발광 디스플레이로 한정되기 때문에, 실제 적용 방식은 155쪽에서 살펴본 네 가지 정도에 그칩니다. 하지만 여기서 양자점 발광 소자의 역할은 백색광(무색광)을 생성하는 것에 불과합니다. 양자점의 뛰어난 능력에 비해 너무 단순한 역할이라 할 수 있습니다.

양자점 액정 디스플레이와 양자점

앞서 살펴본 것처럼 액정 디스플레이는 '그림자 원리'에 기반을 둔 디스플레이입니다. 즉 액정 분자는 빛을 내지 않습니다. 액정 패널은 안쪽에 감춰진 발광 패널이 내는 빛을 가로막는 역할을 합니다. 발광하지 않으므로 당연히 컬러 표시에도 관여할 수 없습니다. 현재의 '양자점 액정 디스플레이'에서 양자점의 역할은 '안쪽에 숨은 발광 패널'의 역할을 대신하는 구조입니다. 그렇기 때문에 '양자점' 액정 디스플레이로 불리기에는 다소 궁색합니다. 조연급에도 미치지 못하는 역할에 불과합니다.

■ 양자점의 영상 구현

양자점 자발광 방식의 디스플레이는 유기EL 수준 혹은 그 이상의 성능을 발휘할 수 있습니다.

① 먼저 유기EL과 마찬가지로 전기를 인가(on)하면 밝은 가시 상태가 되고, 전기를 끊으면(off) 어두워집니다. 즉 액정 디스플레이처럼 항상 빛을 내야 할 발광 패널을 끌

수 있는 것입니다. 이것은 에너지를 절약할 수 있는 요소로 작용합니다.

② 다음으로 각 소자(양자점)가 고유의 생상, 즉 빛의 삼원색을 독립적으로 발광할 수 있습니다. 이 덕분에 지금까지의 컬러 디스플레이가 마치 원죄처럼 짊어지고 있던 컬러 필터가 더는 불필요합니다.

컬러 필터는 빛의 명도를 낮추고, 빛을 훼손하며 색의 순도도 낮춥니다. 긍정적인 효과는 하나도 없습니다. 컬러 필터를 사용하지 않아도 된다는 것만으로도 디스플레이의 성능은 훨씬 향상됩니다.

진정한 의미의 양자점 디스플레이

양자점 발광 소자나 유기EL의 가장 큰 장점은 소자 자체가 빛을 낼 뿐만 아니라 색상을 사람이 의도한 대로 제어할 수 있다는 점입니다.

예를 들면 화소 수가 100만 개인 디스플레이의 화소 각각에 삼원색 발광체(파란색 다이오드, 초록색 양자점, 빨간색 양자점)를 배치하면, 화소별로 전기 신호(on·off)를 조작해서 하얀색부터 컬러와 완전한 암흑까지 영상의 움직임과 색깔을 자유롭게 제어할 수 있습니다.

이렇게 훌륭한 디스플레이 원리가 또 있을까요? 다만 유기EL은 컬러 분리가 아쉽습니다. 즉 아무리 분자 구조를 바꿔도 유기물의 특성상 6-2에서 살펴본 바와 같이 색상의 분리가 명확하지 않을 수 있습니다. 이럴 때는 양자점의 지름과 원료를 조절해 색을 정밀하게 제어할 수 있는 양자점 기술이 해결책이 될 수 있습니다. 따라서 양자점 디스플레이는 앞으로도 계속 발전할 것입니다.

양자점 액정 디스플레이의 장단점

앞서 설명한 바와 같이 디스플레이의 소재로서 매우 뛰어난 양자점이지만 결코 단점이 없는 것은 아니다. 여기서는 양자점의 장단점을 비교해 본다.

양자점의 장점

- 발광 휘도가 높다: 고출력의 빛을 낼 수 있어 밝고 선명한 화면 구현이 가능하다.
- 발광 순도가 높다: 특정 색상만 깨끗하게 발광하므로 색채가 순수하고 아름답다.
- 양자점이 발광 소자인 기종은 패널이 한 장이므로 얇게 만들 수 있다.
- 양자점이 발광 소자인 기종은 검은 화면을 표시할 때 전력을 소모하지 않으므로 에너지 절약에 효과적이다.

양자점의 단점

- 내구성

양자점은 산소 및 수분에 약하다고 알려져 있어 주의가 필요합니다. 하지만 이런 특성은 유기EL이나 액정도 마찬가지이므로 플라스틱으로 봉입하는 기존 기술로 지금까지의 기종과 비슷한 수준의 내구성을 확보할 수 있습니다. 영구적으로 사용할 수 있는 기기는 사실상 존재할 수 없습니다.

- 카드뮴의 독성

카드뮴이라고 하면, 많은 사람이 1960년대 일본에서 사회적 이슈가 됐던 공해 문제를 떠올릴지도 모릅니다. 특히 도야마현 진즈강 유역에서 발생한 **이타이이타이병**은 대표적인 사례입니다.

이 병은 진즈강 상류의 가미오카 광산(현재는 뉴트리노 관측 시설 '가미오칸데'가 있는

곳)에서 카드뮴을 포함한 폐수가 나와 강으로 유입되며 발생했습니다. 당시에는 카드뮴을 불필요한 부산물로 취급했기에 폐수에 그대로 포함됐고, 이로 인해 강과 토양이 오염됐습니다. 그 결과 해당 지역 주민들 사이에서 심한 골다공증과 신장 질환을 동반한 질병이 급증했습니다.

일반 가정에서 사용하는 TV에 카드뮴이 무분별하게 사용된다면, 향후 폐기 과정에서 이타이이타이병의 전철을 밟지 않을까 우려하는 목소리도 있습니다. 이런 기종의 제품을 취급할 때는 충분히 주의하거나 혹은 카드뮴을 사용하지 않는 양자점 기술의 개발이 필요해 보입니다.

이와 관련해서 일본에서는 2022년 12월에 샤프, 샤프 디스플레이 테크놀로지, 도쿄대학이 NEDO(국립연구개발법인 신에너지·산업기술 종합개발기구)의 '전략적 에너지 절약 기술혁신 프로그램'에서 카드뮴을 함유하지 않는 양자점으로 RGB 화소를 패터닝하는 데 성공했다고 발표했습니다. 이와 같은 연구·개발이 진행된다면 카드뮴 프리 양자점 디스플레이가 실용화되고 보급될 것으로 보입니다.

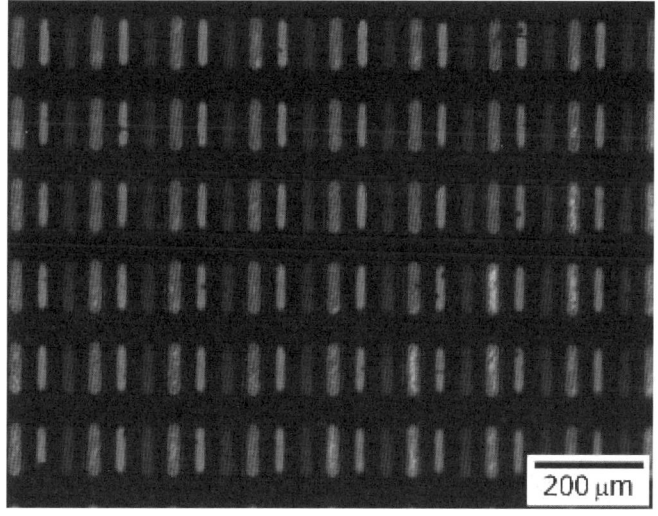

샤프, 샤프 디스플레이 테크놀로지, 도쿄대학이 개발한 카드뮴 프리 양자점 발광 소자인 RGB 화소 (출처: 샤프 보도자료)

양자점의 활용

양자점의 발광 파장은 입자 크기를 조절하는 것만으로 제어할 수 있으므로, 점의 발광 파장을 매우 정밀하게 조절할 수 있습니다.

또한 양자점은 용액(물, 각종 유기 용매)에 분산할 수 있어, 저비용의 프린트 기술이나 코팅 기술을 이용할 수 있습니다. 그뿐만 아니라 양자점은 밝고 선명한 색을 낼 수 있고, 넓은 파장 범위의 빛을 발광할 수 있습니다. 고효율과 긴 수명, 높은 감쇠계수 등이 특징입니다. 이러한 특성덕분에 생체 이미징이나 조명, 디스플레이, 태양전지, 양자점 레이저, 양자 컴퓨터 등 다양한분야에서 널리 활용되고 있습니다.

● 태양전지

양자점을 이용하면 저비용의 인쇄 기술로 유기 색소 증감형 태양전지를 만들 수 있습니다. 기존 색소는 시간이 지나면 분해되지만 양자점은 무기 화합물이기 때문에 훨씬 안정적입니다. 또한 실리콘계 태양전지는 주로 가시 영역의 빛만 활용할 수 있고, 유기 색소는 빨간색 빛의 흡수에 적합하지 않습니다. 반면에 양자점은 입자 크기를 조절해 적외선에서 자외선에 이르는 파장의 빛을 흡수할 수 있기 때문에 최적의 효과를 발휘할 수 있습니다.

● 생체 이미징

양자점은 초미립자이므로 인체 안의 모든 부위로 전달할 수 있습니다. 이로 인해 의료용 영상이나 바이오센서 등 다양한 생물 의학 용도에 적합합니다. 또한 생체 적합성 폴리머로 양자점을 코팅하면 혈중에 분산해 활용할 수도 있습니다.

그리고 항체와 같은 특정 분자와 결합해 표적 세포에도 사용할 수 있습니다. 현재는 형광을이용한 바이오센서 유기 색소가 사용되고 있으나, 이는 유효색이 적고 형광 수명이 짧다는 제약이 있습니다. 이에 반해 양자점은 모든 파장 영역의 빛을 발광할 수 있으며, 휘도가 높고 형광 수명이 길어서 기존의 유기 색소보다 훨씬 우수합니다.

참고: 후지색소 공식 Web(www.fuji-pigment.co.jp)

제 7 장

디스플레이 관련
부품의 종류와 기능

현재 시판되는 가정용 TV나 PC 모니터는 액정이나 유기EL 등의 패널을 비롯해서 다양한 부품을 조합해 완성한 제품이다. 다만 액정이나 유기EL에 공통적으로 사용되는 부품도 있고 타입에 따라 고유한 부품도 있다. 여기서는 디스플레이를 만드는 데 반드시 필요한 부품에 대해 간단하게 정리한다.

모든 디스플레이의 공통 부품

우선 많은 디스플레이에 공통으로 사용되는 부품에 어떤 것들이 있는지, 또 그 재료는 무엇으로 이뤄졌는지 살펴본다.

디스플레이는 많은 부품으로 이뤄져 있습니다. 특정 디스플레이에만 사용되는 부품이 아닌 대다수 디스플레이에 공통으로 사용되는 부품의 종류와 고유의 기능을 알아봅시다.

액정 소자의 구조

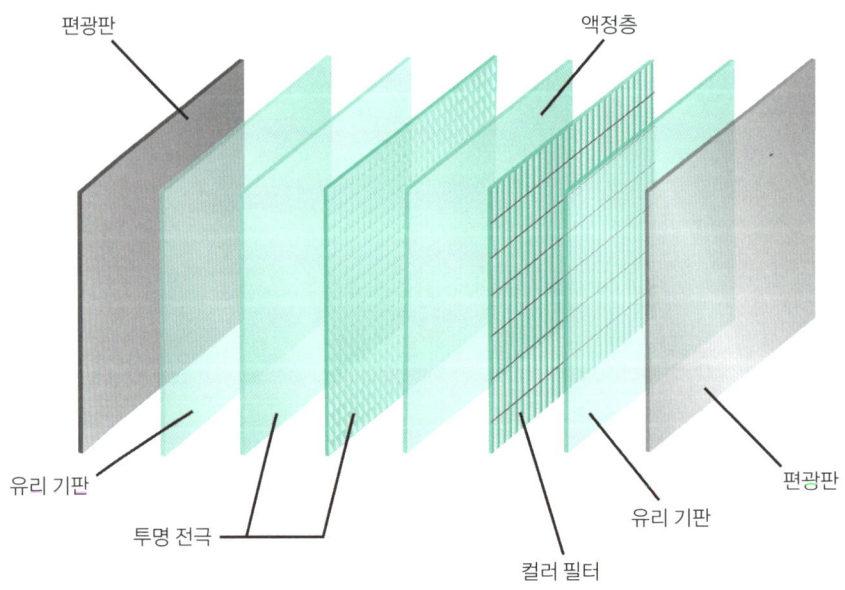

편광판   액정층   유리 기판   투명 전극   컬러 필터   유리 기판   편광판

투명 전극

투명 전극은 말 그대로 유리처럼 무색투명한 전극을 말합니다. 대부분의 디스플레이에서는 전면의 화면 전체를 투명 전극으로 덮습니다. 이 투명 전극을 통해 화면을 보는 셈입니다. 따라서 투명 전극은 완전히 투명할 뿐만 아니라 완전히 무색이어야 합니다.

무색의 물체로는 유리가 있고, 전도체로는 금속이 있습니다. 투명 전극은 이러한 유리와 금속의 조합으로 만든 부품입니다.

보통 금속이라고 하면 불투명한 물질을 떠올리지만 꼭 그렇지도 않습니다. 금속도 얇게 만들면 투명해집니다. 금박은 투명합니다. 다만 유리창에 금박을 바르면 바깥 풍경을 볼 수는 있지만 아쉽게도 무색이 아니며 청록색을 띱니다. 따라서 유리에 금박을 붙이거나 금을 도금해서 전극을 만들 수는 없습니다.

현재 사용되는 투명 전극은 유리에 산화인듐(In_2O_3)과 산화주석(SnO_2)을 진공 증착해 제작합니다. 주석(Sn)은 영어로 tin이라고 하며, 이러한 전극을 **ITO 전극**이라고 합니다. 다만 인듐(In)은 희소 금속으로 가격이 매우 높기 때문에 아연(Zn)처럼 저렴한 금속으로 대체하는 연구를 진행하고 있습니다.

컬러 필터

액정 디스플레이는 백색광에 색을 입히는 형식이고, 유기EL 디스플레이는 유기EL 소자와 조합해 색을 표현하는 형식이므로 **컬러 필터**가 필수 부품입니다. 컬러 필터는 일반적으로 유리에 안료를 도포해 만듭니다. 경량화를 위해 플라스틱 필름을 이용하는 편이 유리하지만, 제조 공정 중에 가열 과정이 있으므로 내열 유리를 사용합니다. 안료는 무기물이고 불투명하지만 미세한 분말로 만들면 투명해집니다. 이 분말을 광경화성 수지에 녹여 도포하고 자외선을 비춰서 수지를 딱딱하게 만들어 고착시킵니다.

최근 무기 안료가 아닌 유기 염료를 이용한 기술이 개발됐습니다. 유기 염료는 원래 투명하기 때문에 미세한 분말로 만드는 공정이 필요 없습니다. 앞으로는 유기 염료를 이용한 방식이 주를 이룰지도 모릅니다.

반도체

반도체는 LED에서 발광 소자로 사용하는 부품일 뿐만 아니라 모든 디스플레이를 구동할 때도 반드시 필요합니다.

물질은 전류가 흐르는 전도체와 흐르지 않는 절연체로 나뉘는데, 반도체는 조건에 따라 전도체 또는 절연체가 됩니다. 반도체의 종류는 다양하며, 실리콘(규소, Si)이나 저마늄(Ge)처럼 하나의 원소만으로 구성된 반도체를 **원소 반도체** 혹은 **진성 반도체**(intrinsic 반도체, i-반도체)라고 합니다.

그에 반해 앞서 LED에 대해 다룬 부분에서 살펴본 바와 같이 n형, p형 반도체처럼 반도체에 소량의 불순물(도펀트)을 혼합해 품질을 개선한 **불순물 반도체**도 있습니다. 이 외에 여러 종류의 원소를 화합물처럼 정수의 몰비로 혼합한 화합물 반도체가 있습니다.

COLUMN ✕

← → ↻ ⌂　**반도체의 전도도**

전류의 실체는 무엇일까요? 전류는 눈에 보이지 않고 추출할 수도 없어서 실체를 파악하기 어렵습니다. 전류의 실체는 전자입니다. 강이 물의 흐름이듯이 전류는 전자의 흐름입니다. 전자가 A 지점에서 B 지점으로 이동했을 때, 전류가 B에서 A로 흘렀다고 정의합니다.

물체의 전도도는 온도에 따라 변합니다. 일반적으로 금속의 전도도는 온도가 낮으면 올라가고, 반대로 반도체의 전도도는 온도가 낮아지면 떨어집니다.

금속의 전도도는 절대 0도에 가까워지면 갑자기 무한대가 됩니다. 이 상태를 초전도 상태라고 합니다. 즉 전기 저항이 없어지고 코일에 대전류를 흘려보내도 발열이 없습니다. 따라서 초강력 전자석을 만들 수 있습니다. 이런 자석을 초전도 자석이라고 합니다.

초전도 자석은 뇌 단층 사진을 촬영하는 MRI와 자기 부상 열차 등에 사용되고 있습니다.

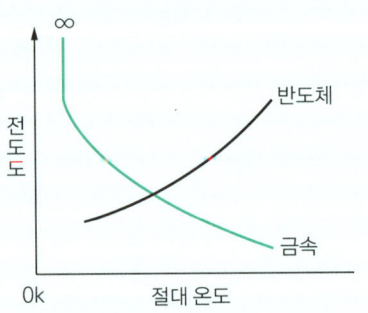

유기EL 디스플레이 관련 부품

유기EL 디스플레이에서는 발광 분자 자체가 스스로 색을 발광하므로 유기EL 디스플레이만의 고유한 부품이라고 할 만한 것은 별로 없다.

인광 발광 재료

분자를 부품으로 분류하는 것이 과연 적절한지에 대한 논의는 잠시 제쳐두고 설명을 이어가면, 유기EL 디스플레이 고유의 부품은 수송층과 발광층을 이루는 유기 분자입니다. 주요 분자들에 대해서는 앞서 소개한 바 있으며, 이 중에서 **인광 발광 분자**는 기술적으로 중요한 논점이 됩니다. 일반적으로 유기 분자는 삼중항을 형성하기 어려워 인광을 내기 힘든데, 이를 극복하는 방법으로 중금속을 이용하기도 합니다.

인광

출처: Wikipedia

앞서 소개한 인광 발광 분자에도 금속이 포함돼 있으며, 그 종류는 이리듐(Ir)과 루테튬(Lu) 등입니다. 이리듐은 귀금속이고, 루테튬은 희토류로 두 금속 모두 희귀하고 고가입니다. 따라서 향후 저렴하고 간편하게 이용할 수 있는 범용 금속으로 대체하는 연구가 이뤄질 전망입니다.

유기EL 셀

유기EL 디스플레이의 발광 셀 구조를 간단하게 설명하면, 기판 위에 전극을 올리고 그 위에 수송층 분자와 발광층 분자를 도포한 다음에, 또다시 전극을 올리는 방식입니다. 이때 수송층 분자와 발광층 분자를 도포하는 방법에는 **보텀 콘택트 방식**과 **톱 콘택트 방식**이라는 두 가지가 있습니다.

■ 보텀 콘택트 방식

현재 주류는 보텀 콘택트 방식입니다. 유리 기판 위에 ITO 전극의 양극을 올리고 양극 위에 정공 수송층과 발광층, 전자 수송층 분자를 각각 올립니다. 그리고 마지막에 금속으로 된 불투명한 음극을 올립니다. 발광층에서 나온 빛은 유리 기판과 투명 전극을 거쳐 우리 눈에 들어옵니다.

보텀 콘택트 방식

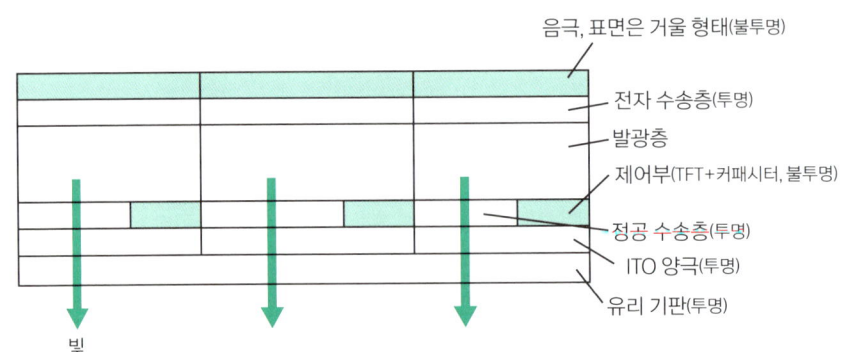

음극, 표면은 거울 형태(불투명)
전자 수송층(투명)
발광층
제어부(TFT+커패시터, 불투명)
정공 수송층(투명)
ITO 양극(투명)
유리 기판(투명)
빛

■ 톱 콘택트 방식

톱 콘택트 방식은 보텀 콘택트 방식의 반대입니다. 유리 기판 위에 금속으로 된 양극을 올립니다. 그 위에 정공 수송층, 발광층, 전자 수송층 분자를 올리고, 마지막에 투명한 음극을 올립니다.

둘 다 큰 차이는 없어 보이지만, 앞서 살펴본 액티브 매트릭스 구동 방식에서는 차이를 보입니다. 액티브 매트릭스 구동 방식에서는 소자를 구동하는 전기 회로가 필요한데 이것은 유리 기판 위에 설치됩니다. 따라서 보텀 콘택트 방식의 경우에는 우리 눈에 도달하는 빛의 일부가 전기 회로에 방해를 받습니다. 즉 빛이 나오는 개구부가 작아집니다.

그에 비해 톱 콘택트 방식은 전기 회로의 방해 없이 발광층에서 나온 빛이 온전하게 외부로 전달됩니다. 그렇기 때문에 액티브 매트릭스 방식에서는 톱 콘택트 방식이 유리합니다.

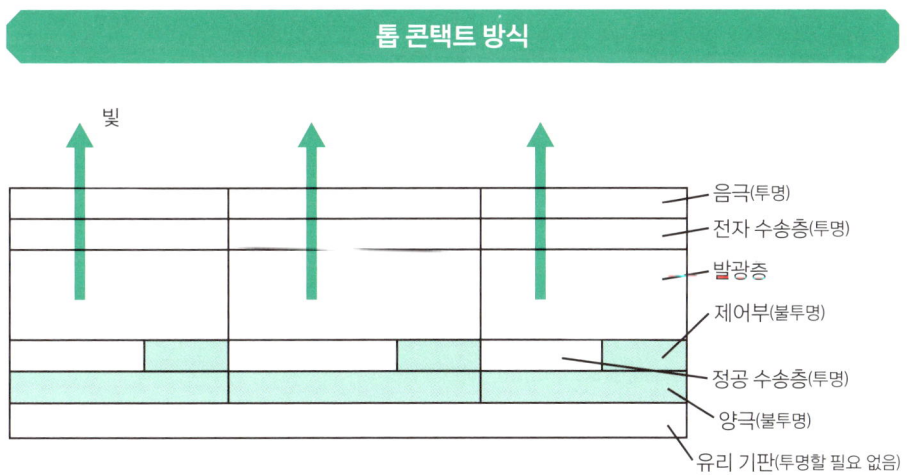

톱 콘택트 방식

유기EL형 전자 종이

전자 종이는 말 그대로 전자식 종이입니다. TV, PC, 휴대전화 등에 이은 차세대 디스플레이 매체로 주목받고 있습니다. 전자 종이에 요구되는 기능은 다음과 같습니다.

① 종이처럼 얇아야 한다.

② 종이처럼 가벼워야 한다.

③ 종이처럼 접을 수 있어야 한다.

④ 종이처럼 세밀하고 선명하게 표시할 수 있어야 한다.

⑤ 종이처럼 쓰고 지울 수 있어야 한다.

⑥ 종이처럼 소비 전력이 불필요해야 한다.

달성하기에 어려운 요구 사항일지 모르겠지만, 우리가 일상적으로 사용하는 종이는 이러한 성능을 모두 충족하고 있으므로 한편으로 생각하면 대단한 디스플레이 매체입니다.

하지만 이런 성능에 만족한다면 그냥 종이를 사용하면 됩니다. 전자 종이가 종이보다 뛰어나려면 종이로는 불가능한 기능이 있어야 합니다. 그것은 다음과 같이 정리할 수 있습니다.

⑦ 컬러 표시가 가능하다.

⑧ 동영상을 볼 수 있다.

⑨ 전송받은 정보를 표시할 수 있다.

⑦번은 논외라고 해도 ⑧번과 ⑨번은 종이로는 절대 구현할 수 없습니다. 이와 같은 기능을 모두 갖춘다면 수십, 수백 장의 종이가 필요한 정보라도 단 한 장의 전자 종이에 담을 수 있습니다.

놀랍게도 이러한 기능의 대부분은 유기EL 디스플레이로 이미 실현됐습니다. 유기EL 디스플레이가 향후 전자 종이의 발전에 어떤 역할을 할지 기대됩니다.

액정 디스플레이 관련 부품

액정 디스플레이는 액정 분자와 편광을 사용하므로 컬러 필터 이외에도 특수한 부품이 필요하다. 이에 대해 살펴보자.

액정 분자의 종류

액정에는 다양한 종류가 존재합니다. 주요한 액정 종류를 정리했습니다.

네마틱 액정: 디스플레이에 가장 많이 사용되는 액정입니다. 위치의 규칙성은 없으며 모든 분자는 같은 방향을 향합니다.

스멕틱 액정: 위치의 규칙성이 일부 남아 있습니다. 즉 아래 그림처럼 액정 분자는 평면에 가지런히 서 있으며, 이러한 평면이 여러 겹으로 쌓여 있습니다.

액정 분자의 종류

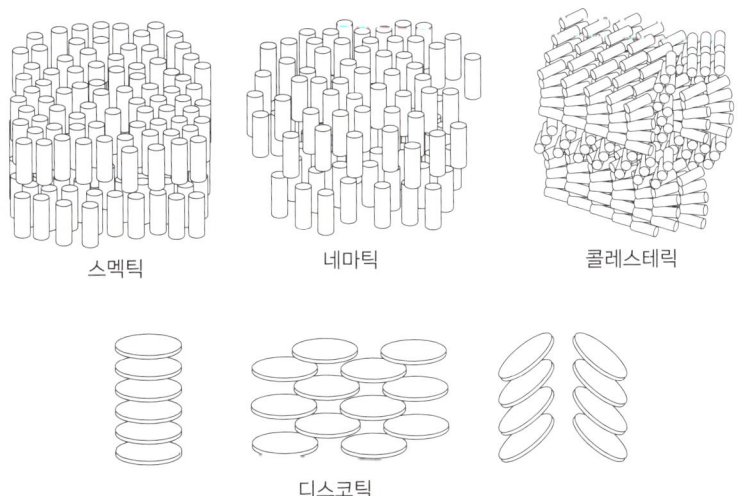

스멕틱   네마틱   콜레스테릭

디스코틱

콜레스테릭 액정: 특수한 구조의 액정으로 분자가 나선형으로 배열된 형태입니다. 최초로 발견된 액정이 바로 콜레스테릭 액정입니다.

디스코틱 액정: 일반적인 액정 분자가 긴 막대 모양인 데 비해 디스코틱 액정은 벤젠 고리처럼 원반 형태의 분자입니다. 쌓이는 방식에 따라 구조가 다양합니다.

고분자 분산형 액정

고분자 분산형 액정은 말 그대로 고분자(플라스틱)에 액정 분자를 분산한 액정이라는 의미입니다. 간단히 말하면 투명 플라스틱에 무수히 많은 미세 거품을 만들어 그 안에 액정을 넣은 구조입니다. 이 거품은 일반적으로 **마이크로 캡슐**로 불립니다. 거품 속의 액정 분자는 송사리처럼 모두 같은 방향을 향합니다. 하지만 그 방향은 거품마다 다릅니다. 따라서 빛은 산란돼 투과하지 못합니다. 즉 화면은 검은색입니다. 얼음은 투명한데 갈아서 팥빙수로 만들면 불투명해지는 것과 같은 원리입니다.

하지만 패널에 전기가 통하면 액정 분자의 배향이 모두 같아져 빛이 투과됩니다.(하얀색) 이 방법은 편광을 사용할 필요가 없으므로 편광 때문에 생기는 액정 TV의 단점을 근본적으로 해소할 수 있습니다.

마이크로 캡슐

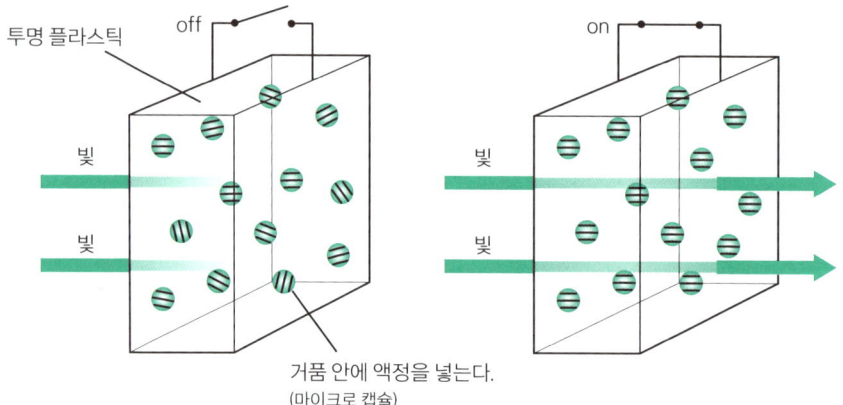

거품 안에 액정을 넣는다.
(마이크로 캡슐)

발광 패널

발광 패널은 빛을 계속 내는 패널입니다. 면발광체가 이상적이지만 현재는 얇은 형광등을 여러 개 나열하거나 LED를 깔아서 면발광을 대신합니다. 하지만 유기EL 을 사용하면 완전한 면발광이 가능하므로 가까운 미래에는 면발광이 실현될지도 모릅니다.

편광 필름

편광 필름은 발광 패널에서 나온 빛을 편광으로 만들어 액정에 전달하는 역할을 합니다. 간단하게 설명하면 폴리에틸렌과 같은 고분자 필름을 한 방향으로 늘이면 분자들이 한 방향으로 정렬되며, 이 필름은 특정 방향의 빛만 통과시키는 편광 기능 이 있습니다.

실제로는 폴리비닐알코올(PVA)이라는 플라스틱 고분자에 요오드(I) 화합물을 첨 가해 편광 필름을 만듭니다. 요오드 화합물은 PVA 분자와 착제를 형성해 긴 사슬 모양의 폴리요오드를 생성하는데, 이로 인해 편광 기능이 나타납니다.

요오드 화합물 분자 외에 염료계 유기화합물을 이용하기도 합니다. 이 경우, 편광 성능은 다소 떨어지지만 내구성이 뛰어나기 때문에 차량용 액정 디스플레이에 사 용됩니다.

편광 필름

폴리에틸렌 분자
길이를 늘임
일반적인 빛
편광 필름
폴리에틸렌 필름
편광

기타 디스플레이 관련 부품

마지막으로 디스플레이의 향후 발전에 빼놓을 수 없는 몇 가지 신소재에 대해 간단히 살펴보자.

디스플레이와 관련된 부품은 거의 다 소개해서 새로운 부품이라고 하기는 애매하지만 **탄소 나노튜브**와 **풀러렌**(C_{60})에 대해 알아봅시다.

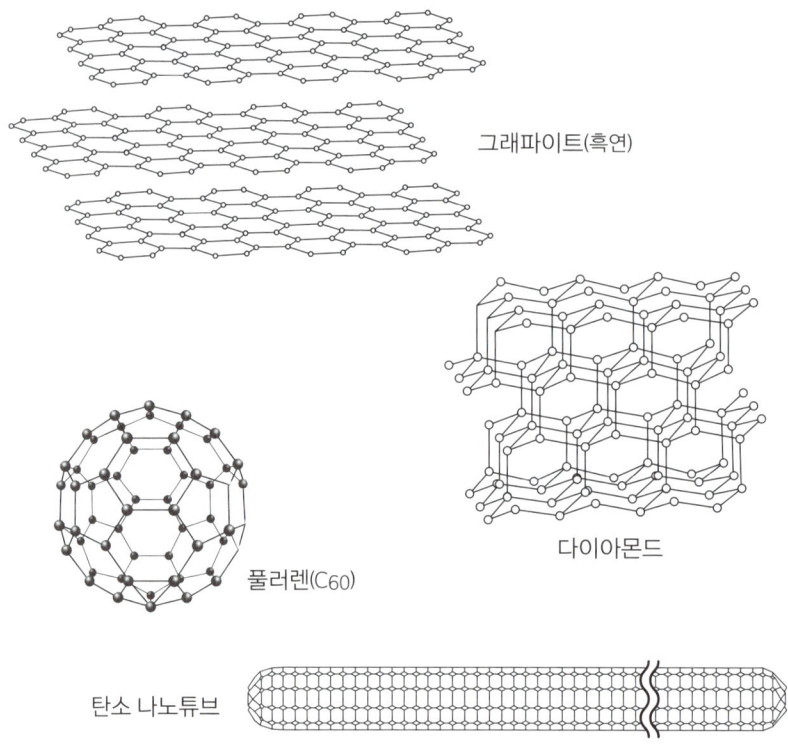

탄소 동소체

그래파이트(흑연)

풀러렌(C_{60})

다이아몬드

탄소 나노튜브

풀러렌

한 가지 원자만으로 이뤄진 분자를 일반적으로 단체라고 합니다. 수소 분자(H_2), 산소 분자(O_2) 등이 대표적입니다. 하지만 산소 원자만으로 이뤄진 단체에는 O_2 외에 오존 분자(O_3)도 있습니다. 이처럼 같은 원자로 이뤄진 서로 다른 단체를 동소체라고 합니다.

산소의 동소체로는 현재 O_2와 O_3의 두 종류만 알려져 있지만, 탄소에는 다양한 동소체가 존재합니다. 그중에 널리 알려진 예로는 다이아몬드와 그래파이트(흑연)가 있으며, 20세기 말에 풀러렌(C_{60})과 탄소 나노튜브도 발견됐습니다.

풀러렌은 172쪽 그림에서 보듯 축구공 모양의 분자로, 60개의 탄소 원자만으로 이뤄진 분자입니다. 이와 같은 분자에는 탄소 수가 74개인 럭비 형태의 분자도 있으며 여러 가지가 알려져 있습니다.

풀러렌은 전기적인 특성이 우수할 뿐만 아니라 활성산소를 불활성화시키거나 윤활성이 있어 최근 다양한 분야에서 활용되고 있습니다.

탄소 나노튜브

탄소 나노튜브는 긴 원통 모양의 분자로, 탄소 6개로 이뤄진 육각형 구조가 연속된 평면이 둥글게 말린 형태입니다. 일반적으로 양 끝은 닫혀 있습니다. 두꺼운 탄소 나노튜브 내부에 더 얇은 탄소 나노튜브가 삽입된 구조도 존재하며, 이러한 구조가 여러 겹으로 겹쳐진 형태도 있습니다.

전기적인 특성이 뛰어나며 내부에 다른 분자를 넣을 수 있는 구조적인 특징 덕분에 DDS(Drug Delivery System, 약물 전달 시스템)에 활용할 수 있다고 생각하는 연구자도 있습니다.

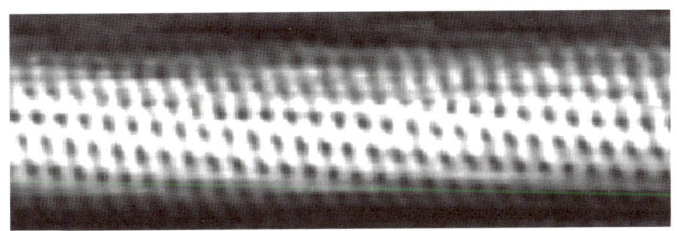

주사형 터널 현미경으로 얻은 탄소 나노튜브의 이미지
(출처: Wikipedia)

그래핀

그래핀은 다수의 벤젠 고리가 나열된 구조의 이차원 물질입니다. 예전부터 흥미를 끌었던 화합물이지만, 2000년대 이전까지는 그래핀을 입수하기가 매우 어려워 수년간 연구를 하지 못했습니다. 그러던 중 2004년에 획기적인 제조법이 고안되면서 그래핀을 손쉽게 추출할 수 있게 됐고, 이로 인해 연구가 급속히 진전됐습니다. 그 공로로 2010년에 안드레 가임과 콘스탄틴 노보셀로프는 노벨 물리학상을 수상했습니다.

그래핀의 구조는 다층 화합물인 그래파이트의 한 층과 동일합니다. 이를 통해 알 수 있듯이, 그래핀은 그래파이트 조각을 셀로판 테이프로 붙였다가 떼어내는 방식으로 한 층씩 간단하게 분리할 수 있습니다. 알고 보면 콜럼버스의 달걀보다 더 쉬운 방법입니다.

정리하면 그래파이트는 그래핀을 여러 겹 쌓아 올린 구조고, 탄소 나노튜브는 그래핀을 감아 원통 모양으로 말아 만든 구조이며, 풀러렌은 그래핀으로 만든 축구공 모양이라고 볼 수 있습니다.

그래핀은 반도체 소자나 투명 도전막 등 다양한 분야에 응용이 가능하며, 마이크로파를 이용해 추진하는 태양 돛 우주선 개발에도 활용하는 연구가 진행 중입니다.

그래핀의 분자 구조 모델 (출처: Wikipedia)

제8장

디스플레이 관련
부품 시장과 공급

현대사회는 전자 디바이스의 필요성이 점차 커지면서 디스플레이(패널) 및 관련 부품의 시장이 지속적으로 확대되고 있다. 이 책의 마지막 장에서는 다양한 데이터를 통해 디스플레이 및 관련 부품 시장의 흐름을 살펴보고 미래를 전망해 본다.

디스플레이의 성능 표현

오늘날 세상에는 다양한 종류의 디스플레이가 시판되고 있다. 그렇다면 성능은 어떻게 평가하면 좋을까? 여기서는 성능 평가를 위한 지침을 소개한다.

현대사회는 전자 디스플레이 기술 없이는 논할 수 없습니다. 가정용 TV는 초박형으로 정착됐고, 한시도 손에서 놓지 않는 스마트폰이나 태블릿, 스마트 워치도 전자 디스플레이가 반드시 필요합니다.

디스플레이 종류

디스플레이 종류는 많습니다. 소비자의 디스플레이에 대한 요구는 높고 다양합니다. 휴대가 편리하고 사생활을 지켜주는 1cm 정도의 아주 작은 디스플레이부터 각종 경기장에서 볼 수 있는 10m가 넘는 대형 디스플레이까지 크기가 다양하며, 각각은 뛰어난 해상도와 선명한 색감이 요구됩니다.

이러한 다양한 요구에 대응하기 위해 각종 디스플레이가 개발됐습니다. 액정 디스플레이나 플라스마 디스플레이, 스마트폰의 유기EL 디스플레이를 비롯해 발광다이오드 디스플레이, 전계 방출 디스플레이 등 지금까지 살펴본 내용으로 그 원리와 기능의 차이점을 여러분도 이제 이해하셨으리라 생각합니다.

디스플레이의 선택 기준

디스플레이 종류는 많지만 소비자에게 선택되는 것은 그중 하나뿐입니다. 특히 일반 소비자는 냉정합니다. 그도 그럴 것이 현재 가정용 디스플레이, 즉 50인치 이상의 대형 TV는 가격이 보통 100만 원 안팎으로 일반 가정에서는 아주 큰 지출입니다. 그래서 한 번 사면 10년 정도는 고장 없이 사용하기를 바랍니다. 가전제품 판매점에 가면 각종 대형 TV를 만날 수 있습니다. 그럼 어떤 TV를 구매하는 것이 좋을까요? 고민이 되겠지만, 제품마다 각각 장점과 단점이 있다고밖에 말씀드릴 수 없습니다. 가격이나 할인율은 중요한 선택 요소이지만 그 이외에 기술, 성능, 내구성 등도 면밀히 살펴봐야 합니다. 아래 도표를 살펴보면서 점수를 매겨보면 선택에 도움이 될지도 모르겠습니다.

디스플레이의 성능 항목

휘도	단위 면적당 밝기. 단위는 Cd/m² 또는 nit. 휘도가 높을수록 디스플레이 화면은 밝고, 특히 어두운 곳에서 보기 편하다. TV 화면의 휘도에는 전체 화면 휘도와 피크 휘도가 있다.
계조	휘도의 명암 단계. RGB 색상 각각은 계조가 있다. 예를 들어 RGB 각각이 32비트의 신호라면, 각각의 색에 256계조가 있다. 스마트폰에서는 RGB 모두 6비트, 64계조가 일반적이다.
컬러 수	RGB 각각의 색의 계조와 그 조합에 따라 만들 수 있는 색상의 수. RGB가 8계조면 색상 수는 512가지(8×8×8). 현행 TV용 패널은 1,677만 컬러. HD-TV의 컬러 수는 약 10억 가지가 표준이다.
콘트라스트	흑과 백의 휘도 비율. 디스플레이에 따라 정의가 다르지만, LCD의 경우에는 전체 화면 검은색과 전체 화면 하얀색의 비율을 측정해 정한다. 콘트라스트가 높을수록 투명감과 색의 순도가 향상돼 선명해지고, 낮으면 전체적으로 옅어진다.
투과율	빛의 투과를 이용하는 디스플레이에서 투과 전 빛의 세기(휘도 또는 광량)와 투과 후 빛의 세기의 비율을 %로 나타낸다. 같은 백라이트 사용 시 투과율이 높으면 휘도가 높아져서 화면이 더 밝고 선명하게 표시된다.
색 재현성	디스플레이 표시 색의 색상, 채도, 명도의 표현 능력을 나타낸다. 일반적으로 CIE 색도도를 사용해 재현 범위를 나타내는 경우가 많다. 색 재현 범위가 넓을수록 채도는 높아지고, 재현할 수 있는 색(색상)의 영역이 넓어진다.
시야각	표시 이미지의 콘트라스트, 휘도, 색 등의 화질이 보는 각도에 따라 변화하는 경우, 인식이 가능한 각도 범위. 액정에서는 콘트라스트가 10대 1 이상의 각도 범위를 시야각으로 정의하는 경우가 많고, 상하좌우의 각도로 표기한다.
응답 속도	동영상을 표시할 때, 휘도 특성이 입력 신호에 대해 얼마나 지연, 연장되는지를 나타내는 지표. 단위는 ms. 응답 시간이 길수록 동영상 잔상 현상이 나타나며 선명도가 떨어진다.

출처:《액정·PDP·유기EL 철저 비교》, 이와이 요시히로·고시이시 겐지 저, 공업조사회

한때 초박형 대화면 TV에는 액정 타입과 플라스마 타입이 있었습니다. 액정 타입과 플라스마 타입은 성능 우열을 따지기가 어려워서 소비자들은 어느 쪽을 선택해야 할지 고민에 빠지곤 했습니다. 이후 플라스마 타입이 시장에서 사라지고, 액정의 시대가 열렸지만 최근 몇 년 사이는 유기EL의 추격이 거세졌고, 점유율도 날이 갈수록 높아지고 있습니다. 같은 크기로 비교했을 때, 가격 면에서는 액정 타입이 우위에 있지만 성능은 유기EL이 더 우수합니다. 여기에 4K나 8K 등 해상도 이슈까지 등장하면서 향후 디스플레이 시장이 어떤 모습을 보일지 예상하기 어려워졌습니다.

연도별 가정용 TV 수요 추이

	액정 29인치 이하	액정 30~36인치	액정 37인치 이상	PDP 43인치 이하	PDP 44인치 이상
2006년	163만 대	188만 대	102만 대	66만 대	11만 대
2008년	305만 대	293만 대	251만 대	87만 대	199만 대

	초박형 29인치 이하	초박형 30~36인치	초박형 37인치 이상	
2010년	803만 대	890만 대	826만 대	←액정&PDP
2012년	217만 대	226만 대	202만 대	←액정&PDP

	초박형 29인치 이하	초박형 30~36인치	초박형 37~49인치	초박형 50인치 이상	
2014년	154만 대	177만 대	146만 대	72만 대	←대부분 액정

↓대형으로 이동

	액정 29인치 이하	액정 30~36인치	초박형 37~49인치	초박형 50인치 이상	(그중) 4K 지원
2016년	114만 대	134만 대	147만 대	80만 대	122만 대
2017년	91만 대	113만 대	141만 대	82만 대	150만 대

↓유기EL의 대두

	초박형 30~39인치	초박형 40~49인치	초박형 50인치 이상	(그중) 4K 지원	유기EL
2018년	78만 대	114만 대	105만 대	199만 대	17만 대
2020년	99만 대	141만 대	193만 대	270만 대	63만 대

출처: JEITA의 연도별 일본 국내 출하 실적에서 발췌

디스플레이 시장 현황

디스플레이 시장이 확대되면서 다양한 기업들이 뛰어들고 있다. 여기서는 그 배경과 현황에 대해 간단하게 살펴본다.

디스플레이 시장의 진입과 철수

우리 사회의 정보화는 끊임없이 확대되고 있습니다. 지하철을 타면 서 있든 앉아 있든 스마트폰을 항상 손에 들고 무언가를 보고 있습니다. 뭐가 그리 중요한 정보가 많을까 하고 궁금증을 자아내기도 하지만, 정보를 찾기보다는 게임을 하는 젊은이도 많습니다.

어쨌든 용도를 불문하고 디스플레이 기기가 필요하다는 것은 분명합니다. 이런 상황을 경제적으로 따져보면 그만큼 관련 시장이 크다는 것을 의미합니다.

10여 년 전, 초박형 TV에 대한 기대가 높아지는 가운데 한국, 중국, 일본의 기업들이 시장에 진입했습니다. 하지만 일본의 대형 가전 제조사는 패널 개발과 제조에서 손을 뗐고, 이제는 한국과 중국에서 패널을 수입하는 실정입니다.

현재 일본에서 액정 패널을 개발하고 제조하며 시장 경쟁력을 갖춘 기업은 소니, 도시바, 히타치 제작소의 액정 사업을 통합해 태어난 JDI(재팬 디스플레이) 정도입니다. 하지만 JDI를 오랫동안 지탱해 오던 애플이 2020년에 출시한 iPhone 12에서 전 모델의 디스플레이를 액정에서 유기EL로 바꾸자 어려운 상황에 놓였습니다. 2023년 7월 시점의 스마트폰 액정 채택 모델은 iPhone SE(3세대)뿐입니다. iPad 시리즈는 전 모델이 액정이지만, 유기EL을 채용할 가능성이 여러 매체를 통해 보도되고 있습니다.

'액정은 샤프'를 외치며 세계를 석권하던 샤프는 대만의 폭스콘(홍하이 정밀공업)에 인수돼 가전제품 분야에서는 부활했지만, 2022년 6월 자회사로 편입한 액정 패널 제조사 SDP(사카이 디스플레이 프로덕트)의 적자로 어려움을 겪었습니다.

JDI, 소니, 파나소닉의 유기EL 사업을 통합해 설립한 JOLED(제이올레드)도 2023년 3월 민사재생절차를 신청하고 맙니다. 인쇄 방식의 유기EL에 큰 기대를 걸었지만 양산화가 지체된 것이 치명적이었습니다. JOLED의 연구개발 부문은 JDI로 넘어갔습니다.

COLUMN　　×

← → ↻ ⌂ **RGB 인쇄 방식의 기술적 특징**

유기EL 패널 제조법은 몇 가지 방식이 있습니다. 삼성디스플레이는 'RGB 증착 방식', LG디스플레이는 '백색 증착 방식'(컬러 필터 방식)을 채택하고 있습니다. RGB와 백색은 발광 방식을 의미하고, 증착은 제조법을 가리킵니다. RGB 증착 방식에는 중형 이상의 패널을 제조하기 어렵다는 문제가 있어 삼성디스플레이는 일시적으로 대형 유기EL 시장에서 철수했으나 최근에 양자점 유기EL(QD-OLED)로 부활했습니다.

JOLED가 개발한 'RGB 인쇄 방식'도 이들과 점유율 싸움을 벌일 예정이었습니다. RGB 인쇄 방식은 대기압 환경에서 유기EL층을 형성할 수 있기 때문에, 진공 장치나 증착용 마스크가 필요 없습니다. 또한 필요한 곳에만 재료를 인쇄로 도포하기 때문에 재료 이용 효율이 우

▼ RGB 인쇄 방식의 공정상의 장점

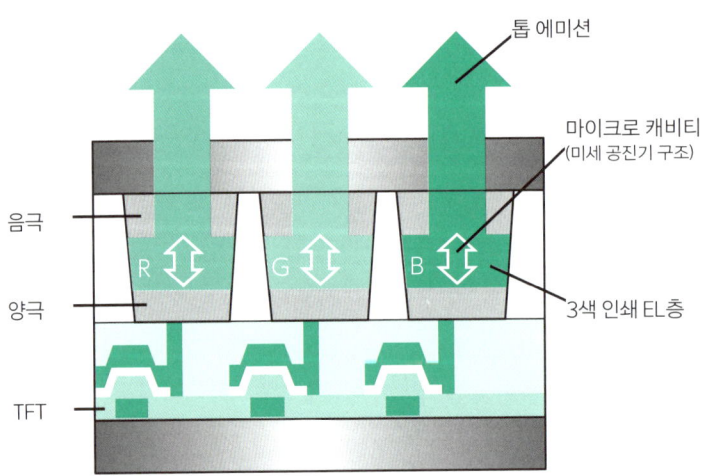

수하다는 특징이 있습니다. 그뿐만 아니라 같은 인쇄 헤드로 다른 사이즈의 패널을 제조할 수 있어서 다양한 크기에도 대응합니다. 이러한 이유로 RGB 인쇄 방식에 큰 기대를 했으나 양산화가 늦어졌다는 점이 치명적이었습니다.

또한 JOLED를 인수한 JDI에서는 이미 증착용 마스크가 필요 없이 다양한 크기에 대응할 수 있는 'eLEAP'이라는 차세대 유기EL 기술을 개발하고 있어서 RGB 인쇄 방식은 계승하지 않을 것으로 보입니다.

▼ RGB 인쇄 방식의 비용적인 장점

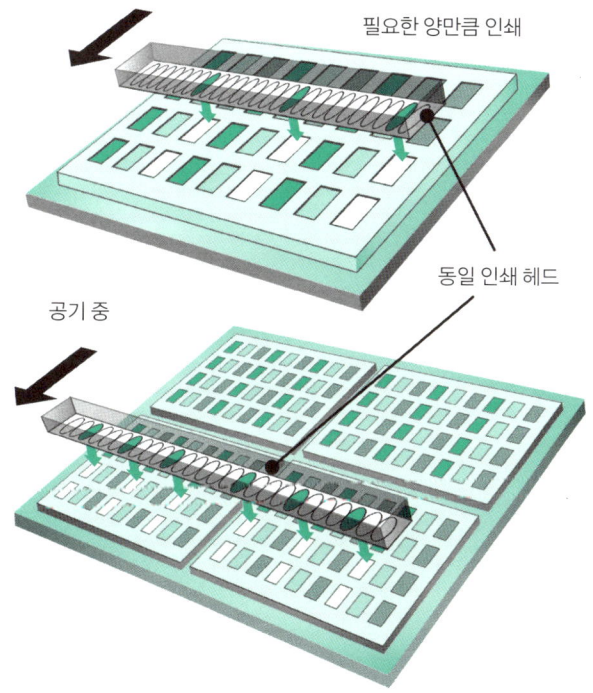

RGB 인쇄 방식은 백색 증착 방식이나 RGB 증착 방식에 비해 대기압 환경에서 제조할 수 있기 때문에, 진공 장치나 메탈 마스크가 필요하지 않습니다. 따라서 생산 효율이 높고, 필요한 곳에만 재료를 인쇄로 도포하기 때문에 재료 이용 효율이 우수하며, 같은 인쇄 헤드로 다른 크기의 패널을 제조할 수 있어서 다양한 크기에도 대응할 수 있다는 장점이 있다.

디스플레이 시장 현황

일반적으로 디스플레이 점유율은 제품 점유율로 가늠할 수 있다. 여기서는 PC용 디스플레이를 예로 들어 시장 현황을 살펴본다.

PC가 보급되기 이전에는 가정용 TV가 디스플레이 시장을 가늠하는 기준이었습니다. 하지만 현재는 가정용 TV뿐만 아니라 PC용 디스플레이도 급격한 증가 추세를 보이고 있습니다. 여기서는 디스플레이 판매 현황에 대해 살펴봅시다.

판매 실적

2019년 12월 신종 코로나바이러스 감염증(코로나19)이 전 세계를 강타하면서 많은 기업이 감염 대책으로 재택 업무를 도입했습니다. 즉 집 안에 PC와 네트워크 환경을 구비해야 할 필요가 생긴 것입니다. 또한 일본에서는 같은 해 전국 학교에 고속 인터넷 접속 환경을 정비하고, 초등학생 및 중학생 한 명당 한 대의 태블릿 단말

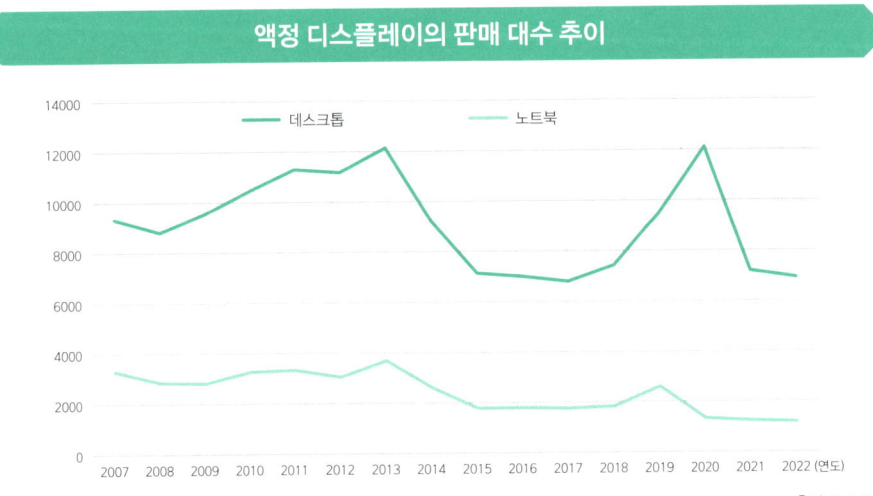

액정 디스플레이의 판매 대수 추이

출처: D-LAB

기를 제공한다는 GIGA 스쿨 구상도 시작했습니다. 그야말로 PC를 비롯한 디스플레이 패널 시장에 호황이 찾아온 것입니다.

또한 최근에는 PC 게임 플랫폼 스팀(Steam)의 보급으로 게이밍 PC의 출하가 증가했고, 27인치 이상의 디스플레이를 선택하는 사용자도 많아졌습니다. BCN이 2022년 7월에 실시한 '제3회 액정 모니터 구입·이용 실태 조사'에 따르면 '가장 최근에 구입한 액정 모니터의 인치 사이즈'를 묻는 질문에 23~24인치 디스플레이를 구매한 사용자가 29%로 가장 많았지만, 25~29인치 디스플레이도 18.7%까지 성장

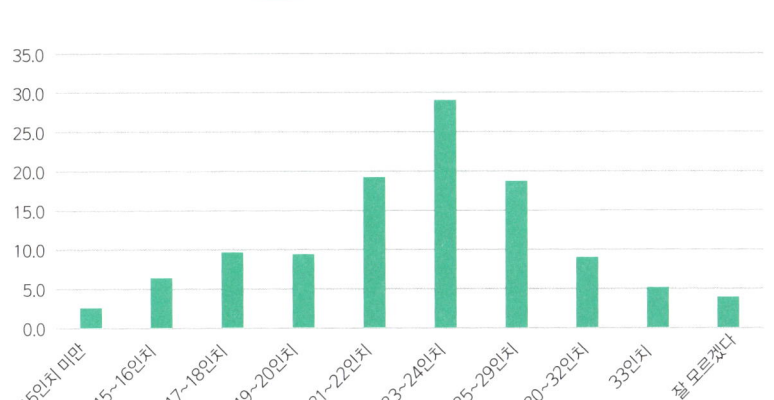

액정 디스플레이의 판매 대수

출처: D-LAB

평균 화면 크기

출처: D-LAB

했으며, 23인치 이상의 디스플레이를 구입한 소비자는 전체의 약 60%를 점유하는 것으로 나타났습니다.

PC용 디스플레이 현황

가정용 TV에서는 유기EL의 점유율이 높아졌지만, PC용 디스플레이에서는 아직도 액정이 주류입니다. 일본의 PC 주변 기기 제조사로 긴 역사를 자랑하는 아이오데이터 기기를 비롯해 미국의 델, HP, 한국의 LG전자, 대만의 벤큐, 에이수스, MSI 등이 치열한 시장점유율 경쟁을 벌이고 있습니다. 그런데 왜 PC용 디스플레이는 액정이 주류일까요? 패널의 가격 차이 문제도 있지만, 유기EL은 구조적으로 **번인**(Burn-in) 현상이 생기기 쉽다는 특성이 주요 이유 중 하나로 꼽힐 것입니다.

번인이란 움직임이 없는 동일한 화면을 장시간 계속 표시하거나 휘도를 지나치게 밝게 하면 잔상이 남는 현상을 말하며, 한 번 일어나면 사라지지 않습니다. TV 시청이나 스마트폰 앱 사용, 휴대용 게임기 정도의 용도라면 큰 문제가 없지만, PC용 디스플레이에서는 번인이 발생할 가능성이 높습니다. 이는 사용자에 따라 동일한 화면(프로그램)을 장시간 계속 띄워놓아야 하는 경우가 많기 때문입니다.

다만 번인 방지 기능이 있는 제품이나 OS도 증가하고 있기 때문에 일반적으로 사용하는 경우라면 별로 신경 쓰지 않아도 괜찮습니다. PC에서는 화면 보호기를 작동해 두면 번인 현상을 막을 수 있습니다.

번인 현상은 유기EL뿐만 아니라, 다른 디스플레이에서도 일어난다. 사진은 액정의 사례이며, 잔상 또는 고스트 이미지라고 불린다. (출처: Wikipedia)

8-04

패널 제조사의 점유율

전 세계 디스플레이 시장의 상황을 파악하는 데 패널 점유율은 매우 중요하다. 여기서는 점유율을 제품의 크기별로 살펴본다.

액정과 유기EL 패널의 점유율

액정 패널은 옛날에 일본의 기술을 상징하는 제품 중 하나였습니다. 샤프의 가메야마 공장은 '세계의 가메야마'라는 브랜드명으로 액정 패널을 세계 각지로 공급했습니다. 하지만 2021년에 D-LAB이 정리한 데이터에 따르면, 액정과 유기EL 패널의 세계 점유율은 대만 폭스콘의 자회사가 된 샤프를 포함해도 불과 10% 정도에 지나지 않습니다. 한국이 일본을 앞질렀지만 다시 대만에 추격을 허용했고, 지금은 중국이 세계 시장 점유율의 왕좌를 노리고 있습니다.

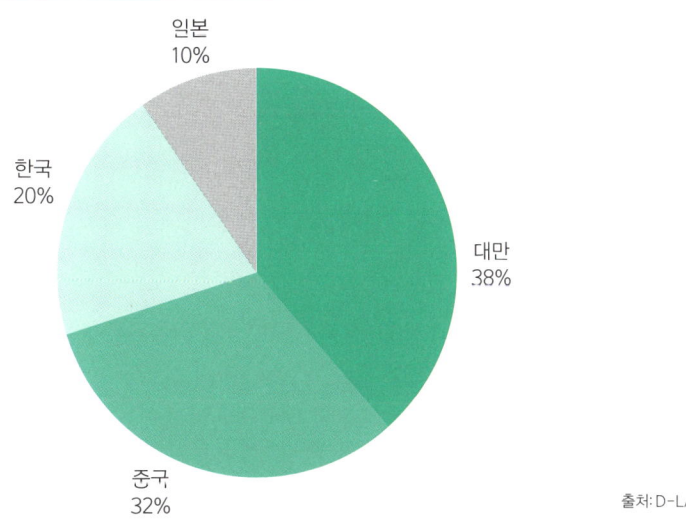

액정과 유기EL 패널의 세계 시장 점유율

일본 10%
한국 20%
대만 38%
중국 32%

출처: D-LAB

오른쪽 그래프는 대형, 중소형, 스마트폰용 액정 패널의 제조사별 점유율을 나타낸 것입니다. 10년 전 대형과 중형에서는 일본 기업들이 대세였지만, 현재는 한국과 중국의 기업에 점유율의 대부분을 빼앗겼습니다. 소니, 도시바, 히타치 제작소의 중소형 액정 사업을 통합한 JDI가 중소형과 스마트폰용 부문에서 노력하고 있지만 여의찮은 상황임은 분명합니다. 또 대만의 폭스콘에 인수된 샤프가 대만에서 생산한 액정 패널을 시장에 내놓고 있습니다.

세계 액정 · 유기EL 패널 제조사

업체별로는 이미 중국 업체가 두각을 보이고 있습니다. BOE는 중국 북경에 본사를 둔 제조사로 2019년에 액정 패널 부분 세계 1위를 차지했고, 현재는 유기EL에서도 한국의 삼성디스플레이나 LG디스플레이를 추격하고 있습니다.

삼성디스플레이는 액정이나 유기EL을 탑재한 스마트폰으로, LG디스플레이는 PC용 액정 디스플레이로 일본에서도 친숙한 제조사입니다. 두 회사의 제품을 애용하는 분도 많습니다.

AUO는 대형 액정 패널에 강한 면모를 보이는 대만의 제조사입니다. 마찬가지로 대만 업체인 이노룩스는 샤프를 자회사로 둔 폭스콘의 그룹사로 최근에는 자국뿐만이 아니라 중국으로도 액정 패널 생산 거점을 넓히고 있습니다.

TIANMA와 CSOT(TCL)도 중국 업체이며 TIANMA는 차량 탑재용이나 산업용 중소형 액정 패널에 강점이 있으며, CSOT는 가정용 TV에 강점이 있는 제조사입니다. CSOT는 미국에서 가정용 TV 점유율 톱3에 드는 TCL의 자회사로, 최근에는 일본에서도 온라인 쇼핑을 중심으로 대형 TV의 점유율을 늘리고 있습니다. CSOT는 2020년에 JOLED와 인쇄 방식 유기EL 제조 분야에서 자본 업무 제휴를 맺어 화제를 모았습니다.

일본 제조사 중에는 샤프, JDI, 사카이 디스플레이 프로덕트가 액정 패널을 제조하고 있지만, JOLED가 민사재생법 절차를 신청하면서 유기EL 패널을 제조하던 공장이 폐쇄된 실정입니다. 현재 일본은 유기EL 패널을 한국이나 대만, 중국의 제조사에 의지하는 상황입니다.

액정&유기EL 패널의 제조사별 점유율

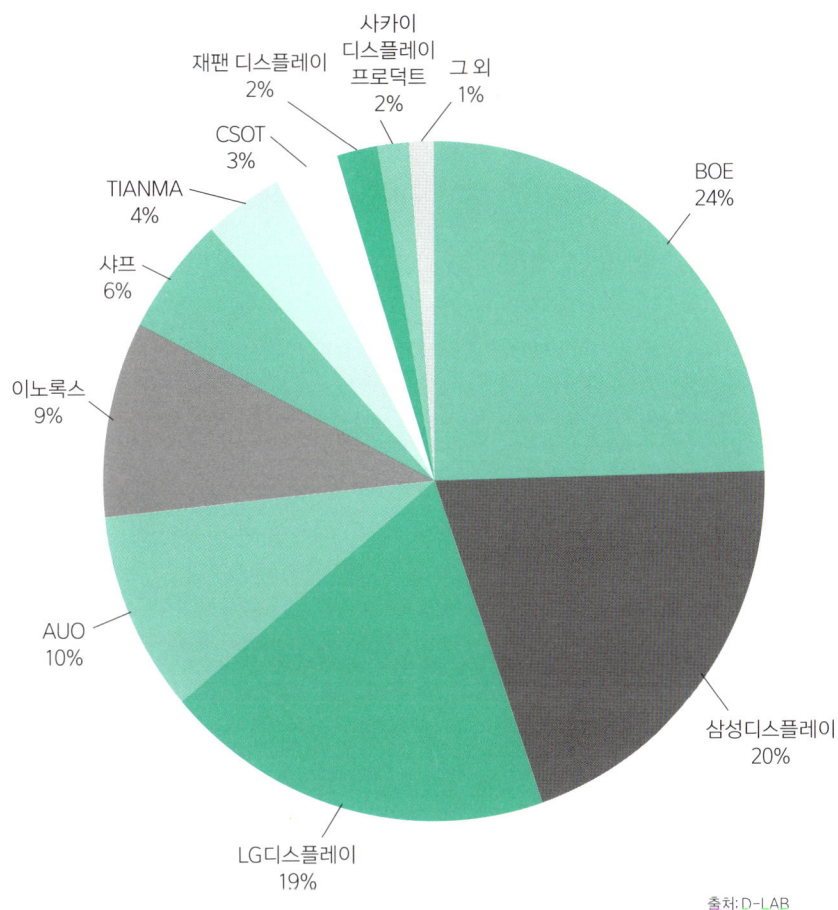

재팬 디스플레이
2%

사카이
디스플레이
프로덕트
2%

그 외
1%

CSOT
3%

TIANMA
4%

샤프
6%

이노룩스
9%

AUO
10%

BOE
24%

삼성디스플레이
20%

LG디스플레이
19%

출처: D-LAB

디스플레이 관련 부품 제조사의 상황

액정 패널에서는 한국과 중국에 밀리고 있는 일본이지만, 관련 부품 시장에서는 높은 점유율을 자랑한다. 여기서는 디스플레이 관련 부품 시장의 동향을 살펴본다.

관련 부품 시장의 동향

일본 제조사는 액정이나 유기EL 패널 부문에서 크게 뒤처졌지만, 패널 제조 장치나 관련 부품 부문에서는 여전히 건재합니다.

액정 패널이나 유기EL 패널 등의 **플랫 패널 디스플레이**(FPD)를 제조할 때는 **FPD 제조 장치**가 필수입니다. 이에는 노광 장치를 비롯해 열처리 장치, 성막 장치, 세정 장치 등 다양한 용도의 장치들이 포함됩니다. 카메라 제조사로 유명한 니콘 및 캐논이 FPD 제조 장치 부문에서 높은 점유율을 확보하고 있지만, ULVAC이나 V Technology, SCREEN Finetech Solutions 등의 일본 업체도 선전하고 있습니다. FPD 제조 장치는 극도의 정밀 기기이므로 진입 장벽이 높은 기술력을 활용할 수 있는 장치 중에 최고봉이라고 할 수 있습니다.

또한 액정 패널과 유기EL 패널에는 전자 부품 소자를 놓을 유리 기판(유리 필름)도 반드시 필요합니다. 이 부품도 일본 업체가 강세이며, AGC(아사히글라스)와 일본전기소자 등 일본을 대표하는 제조사가 높은 점유율을 자랑합니다.

액정 패널에는 유리 기판 위에 놓을 **편광판(편광 패널)**이 필요한데, 닛토전공과 스미토모화학이 이전부터 높은 점유율을 차지하고 있습니다. 편광판의 부품에는 TAC(트리아세틸셀룰로오스) 필름, PVA(폴리비닐알코올) 필름, 위상차 필름 등의 필름이 있는데, 이 또한 일본 업체가 강세를 보이는 분야입니다. TAC 필름에서는 후지필름과 코니카미놀타그룹이, PVA 필름에서는 KURARAY나 미쓰비시케미컬이, 위상차 필름에서는 화학 제조사인 JSR과 니혼제온이 높은 점유율을 자랑합니다.

컬러 필터도 액정 패널에 필수 부품입니다. 여기서는 돗판인쇄와 다이니폰인쇄라는 일본의 대형 인쇄 제조사가 본업에서 길러온 기술을 살려 계속 활약 중입니다.

　　액정 재료 부문에서는 JNC(치소)와 잉크 제조사인 DIC가 독일의 머크와 치열한 점유율 경쟁을 벌이고 있으며, 유기EL 재료 부문에서는 호도가야화학공업, 이데미츠코산, 스미토모화학 등이 선전하고 있습니다. 액정 재료는 정공 수송 재료나 전자 수송 재료, 도포형 정공 수송 재료 등을 말하며, 화학 기술력이 필요한 분야입니다.

　　이상 간단하게 디스플레이 관련 부품 제조사를 소개했습니다. 이 분야도 액정에서 유기EL로 시장이 변모하면 판도가 크게 달라질 것입니다.

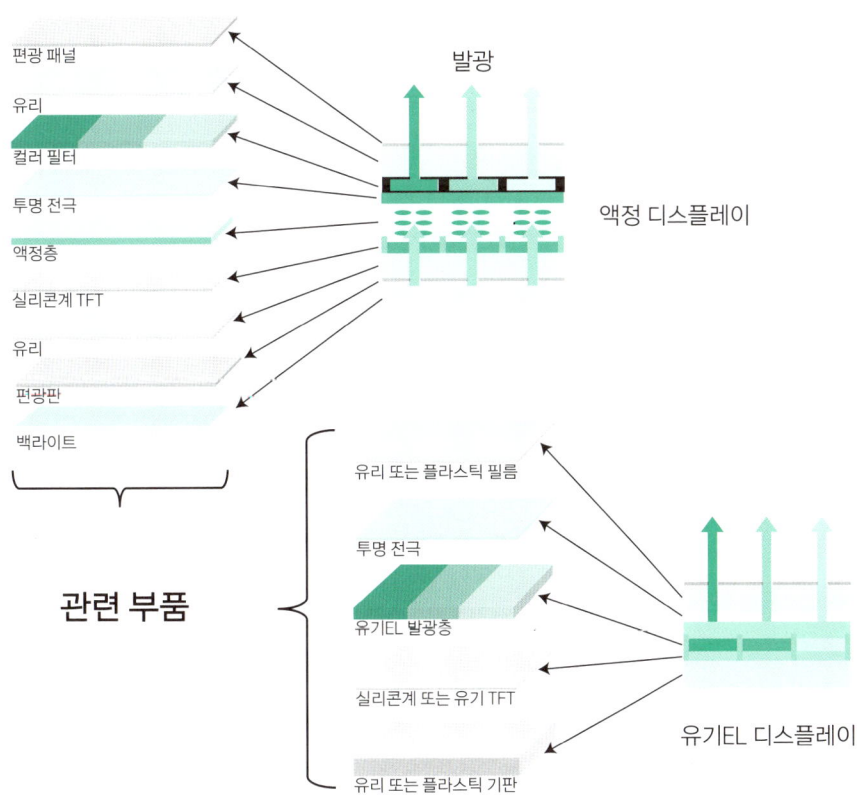

액정·유기EL의 구조와 부품

편광 패널
유리
컬러 필터
투명 전극
액정층
실리콘계 TFT
유리
편광판
백라이트

발광

액정 디스플레이

관련 부품

유리 또는 플라스틱 필름
투명 전극
유기EL 발광층
실리콘계 또는 유기 TFT
유리 또는 플라스틱 기판

유기EL 디스플레이

참고 문헌

《눈으로 보는 기능성 유기화학》, 사이토 가쓰히로, 고단샤 (2002)

《대화면 슬림형 디스플레이의 의문 100》, 니시쿠보 야스히코, SB크리에이티브 (2009)

《도해입문, 이해하기 쉬운 최신 디스플레이 기술의 기본과 구조 [제2판]》, 니시쿠보 야스히코, 수화시스템 (2009)

《분자의 작용을 알 수 있는 10가지 이야기》, 사이토 가쓰히로, 이와나미쇼텐 (2008)

《분자집합체의 과학》, 사이토 가쓰히로, C&R연구소 (2017)

《빛과 색채의 과학》, 사이토 가쓰히로, 고단샤 (2010)

《살아 움직이는 '유기화학'의 이해》, 사이토 가쓰히로, 베레출판 (2015)

《색재·안료·색소의 설계와 계발》, 사이토 가쓰히로 외, 정보기구 (2008)

《알고 싶은 유기화합물의 작용》, 사이토 가쓰히로, SB크리에이티브 (2011)

《유기EL과 최신 디스플레이 기술》, 사이토 가쓰히로, 나쓰메사 (2009)

《입문! 초분자화학》, 사이토 가쓰히로, 기술평론사 (2011)

《초분자화학의 기초》, 사이토 가쓰히로, 화학동인 (2001)

《평판 패널 디스플레이 최신 동향》, 이와이 요시히로·고시이시 겐지·마쓰오 다카시, 공업조사회 (2005)

찾아보기

옮긴이 신찬

인제대학교 국어국문학과를 졸업하고, 한림대학교 국제대학원 지역연구학과에서 일본학을 전공하며 일본 가나자와
국립대학 법학연구과 대학원에서 교환학생으로 유학했다. 일본 현지에서 한류를 비롯한 한·일간의 다양한 비즈니스
를 오랫동안 체험하면서 번역의 중요성과 그 매력을 깨닫게 되었다고 한다. 현재 번역 에이전시 엔터스코리아에서 출
판 기획 및 일본어 전문 번역가로 활동 중이다. 주요 역서로는 《항공모함의 과학》《사격의 과학》《기상 예측 교과서》
《미사일 구조 교과서》《비행기 엔진 교과서》《자동차 운전 교과서》《화를 이기는 불편한 심리학》《다 팔아버리는 백억
짜리 카피 대전》등이 있다.

디스플레이 구조 교과서
LCD, OLED의 발광 원리부터 패널 구조, 구동방식까지 디스플레이 기술 메커니즘 해설

1판 1쇄 펴낸 날 2025년 10월 10일

지은이 사이토 가쓰히로, 고미야 신이치
옮긴이 신찬
주간 안채원
편집 윤대호, 채선희, 윤성하, 장서진
디자인 김수인, 이예은
마케팅 함정윤, 김희진

펴낸이 박윤태
펴낸곳 보누스
등록 2001년 8월 17일 제313-2002-179호
주소 서울시 마포구 동교로12안길 31 보누스 4층
전화 02-333-3114
팩스 02-3143-3254
이메일 bonus@bonusbook.co.kr
인스타그램 @bonusbook_publishing

ISBN 978-89-6494-768-5 03560

• 책값은 뒤표지에 있습니다.

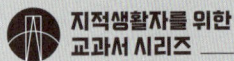

지적생활자를 위한 교과서 시리즈 ──────── 지식은 현장에 있다

논리회로 구성에서 미세 공정까지,
미래 산업의 향방을 알아채는
반도체 메커니즘 해설

반도체 구조 원리 교과서

니시쿠보 야스히코 지음 | 김소영 옮김 | 280면

개발자와 프로젝트 매니저를 위한
AI 수업, 머신러닝·딥러닝·CNN·RNN·
LLM 메커니즘 해설

인공지능 구조 원리 교과서

송경빈 지음 | 남지우 그림 | 232면

컴퓨터의 본질을 알려주는
하드웨어·소프트웨어·자료구조·
네트워크·보안의 핵심 개념

IT 업무의 기본이 되는 컴퓨터 구조 원리 교과서

야자와 히사오 지음 | 김현옥 옮김 | 276면

브라우저에서 서버까지
데이터가 이동하는 진짜 과정을
알려주는 네트워크 메커니즘 해설

IT 업무의 기본이 되는 네트워크 구조 원리 교과서

도네 쓰토무 지음 | 김현옥 옮김 | 420면